普通高等教育新工科人才培养资源勘查工程专业"十四五"规划教材

矿产勘查学实习教程

张彩华　张洪培　刘　飚　**编著**

中南大学出版社
www.csupress.com.cn

·长沙·

图书在版编目(CIP)数据

矿产勘查学实习教程 / 张彩华, 张洪培, 刘飚编著.
—长沙: 中南大学出版社, 2022.10
普通高等教育新工科人才培养资源勘查工程专业"十
四五"规划教材
ISBN 978-7-5487-4958-5

Ⅰ. ①矿⋯ Ⅱ. ①张⋯ ②张⋯ ③刘⋯ Ⅲ. ①矿产
勘探－实习－高等学校－教材 Ⅳ. ①P624-45

中国版本图书馆 CIP 数据核字(2022)第 112130 号

矿产勘查学实习教程

张彩华　张洪培　刘　飚　编著

□出 版 人	吴湘华	
□责任编辑	伍华进	
□责任印制	唐　曦	
□出版发行	中南大学出版社	
	社址: 长沙市麓山南路	邮编: 410083
	发行科电话: 0731-88876770	传真: 0731-88710482
□印　　装	湖南省汇昌印务有限公司	

□开　　本	787 mm×1092 mm 1/16	□印张 9.25	□字数 238 千字
□互联网+图书	二维码内容　图片 800 张		
□版　　次	2022 年 10 月第 1 版	□印次 2022 年 10 月第 1 次印刷	
□书　　号	ISBN 978-7-5487-4958-5		
□定　　价	36.00 元		

内容简介

本书为资源勘查工程专业核心课"矿产勘查学"教学配套的实习教程，共设计编排了十个实习。实习内容可以分为成矿预测、矿床勘查和基于 GEOVIA Surpac（简称 Surpac）软件的三维建模三个方面。通过这些实习的训练，学生可掌握成矿预测、矿床勘查和矿体三维建模的方法原理和基本程序。

本实习教程可作为资源勘查工程、地质学等地学类本科学生的实习用书，也可以作为地质工作者的参考用书。

前　言

　　本书是资源勘查工程专业核心专业课"矿产勘查学"的配套实习教程，内容大致可以分为三个部分。

　　第一部分侧重于成矿预测方面的实习。要求学生通过典型热液矿床找矿标志识别和找矿信息提取、1∶50000成矿规律图和成矿预测图编制以及隐伏花岗岩体预测与找矿靶区优选的实习，掌握利用地、比例尺、化、遥等资料总结勘查区成矿规律、编制成矿预测图、识别和预测隐伏花岗岩体及靶区优选的一般程序和方法。

　　第二部分侧重于矿床勘查方面的实习。要求学生通过钻孔弯曲校正、岩芯钻探地质编录、勘查线地质剖面图编绘、矿体的圈定和连接、地质块段法资源量估算的实习，掌握矿产勘查的基本技术方法、地质数据资料综合整理和数字化制图的程序和方法。

　　第三部分侧重于基于Surpac软件的三维建模方面的实习。要求学生通过创建矿体三维实体模型和块体模型，掌握建立地质数据库、处理特高品位、样品信息提取和根据勘探工程进行样本组合以及矿体块体模型建立、约束、赋值和报告的程序和方法。

　　本书的主要特点：

　　1) 所有实习均可实现无纸化操作，可在勘查学实验室机房电脑的 AutoCAD（简称CAD）、MapGIS 和 Surpac 软件平台上完成。除了文字内容之外，本书还为相关实习配套了大量的数字化内容，如高清照片、高分辨率地质彩图等。基于 Surpac 软件三维建模实习还配套了讲课视频和大量基本操作练习材料。所有资料均已实现在云盘上分类下载，学生可以根据需要提前预习或课后练习。

　　2) 本书参考了最新的地质规范，特别是《固体矿产资源储量分类》(GB/T 17766—2020)。大多数实习资料直接来源于近几年的大中型矿床的勘查实践，文字、数据和图件等资料满足当前地质规范要求。

　　3) 近年来国内外矿业软件的发展一日千里，为更好地服务于勘查单位和矿业公司，提高学生就业竞争力，本书首次设计了基于全球最流行的地质勘探和矿山采矿规划软件 Surpac 创建矿体的三维实体模型和块体模型的实习项目，致力于提高学生的三维建模和运用地质统计学方法进行资源储量估算等方面的能力。

在本书编写的过程中，用到了刘建平老师提供的部分资料，还借鉴和引用了前人的一些研究成果，在此一并表示感谢。

由于编者水平有限，书中难免有疏漏和不足之处，恳请读者批评指正。

编著者

2022 年 9 月

目 录

实习四　钻孔弯曲校正 ·· 48

　　一、实习目的 ··· 48

　　二、钻孔弯曲及校正的方法原理 ·· 48

　　三、实习步骤 ··· 52

　　四、实习资料 ··· 52

　　五、实习要求 ··· 53

实习五　岩芯钻探地质编录 ·· 56

　　一、实习目的和要求 ·· 56

　　二、实习材料准备 ·· 56

　　三、方法原理 ··· 56

　　四、实习步骤 ··· 62

　　五、附表及附图 ··· 62

实习六　勘查线地质剖面图编绘 ·· 65

　　一、实习目的和要求 ·· 65

　　二、实习材料准备 ·· 65

　　三、实习步骤 ··· 65

　　四、方法简述 ··· 66

　　五、实习内容 ··· 67

　　六、实习步骤 ··· 67

　　七、编图时应注意的问题 ·· 72

　　八、附图 ·· 72

实习七　矿体的圈定和连接 ·· 73

　　一、实习目的和要求 ·· 73

　　二、实习材料准备 ·· 73

　　三、方法原理 ··· 73

　　四、实习步骤 ··· 74

　　五、实习材料 ··· 76

　　六、附图 ·· 82

实习一

典型热液矿床找矿标志识别和找矿信息提取

一、实习目的和要求

实习目的：以云南官房铜矿为例，通过对有关找矿标志实物、视频、图片及地质和物化探资料等的研究，学会识别和综合运用各种找矿标志，以便较系统地掌握找矿标志的主要研究内容，理解其在勘查区内进行靶区优选和工程布置的指导作用和意义。

实习要求：

(1)认真阅读文字资料和附图，了解官房铜矿的地质概况及找矿标志的有关内容。

(2)观察官房铜矿的代表性蚀变岩石，氧化露头，特征矿石和主要围岩标本、视频、高清数字图片集及说明。

(3)编写实习报告，总结论述官房铜矿的找矿标志，其内容包括找矿标志种类、主要特征、预测找矿意义、可靠性及缺点等。在此基础上再提取和总结本矿区找矿信息。

二、实习材料准备

(一)找矿标志概述

找矿标志(含矿性标志)，又称矿化信息，是指能够直接或间接地指示矿床存在或可能存在的一切现象或线索。

找矿标志按其与矿化的联系一般可分为直接含矿性标志和间接含矿性标志。直接含矿性标志有：矿产露头、铁帽、矿砾、有用矿物重砂、采矿遗迹、煤层露头、煤屑、煤泥、煤华、油苗、气苗、地蜡、地沥青、石沥青等。间接含矿性标志有：围岩蚀变、特殊颜色的岩石、特殊地形、特殊植物、特殊地名、地球物理异常等。

找矿标志按其成因可分为地质标志、地球化学标志、地球物理标志、生物标志和人工标志五类。

1. 地质标志

地质标志是指能够指示矿产存在或可能存在的各种地质作用的产物。地质标志包括：矿产露头、近矿围岩蚀变、矿物学标志等。

（1）矿产露头。

矿产露头可以直接指示矿产的种类、可能的规模大小、存在的空间位置及产出特征等，是最重要的找矿标志。由于矿产露头在地表常经受风化作用的改造，因此据其经受风化作用改造的程度，可分为原生矿产露头和氧化矿产露头。

原生矿产露头是指出露在地表，但未经或经微弱的风化作用改造，其矿石的物质成分和结构构造基本保持原来状态的矿产露头。一般来说，物理化学性质稳定、矿石和脉石较坚硬的矿体在地表易保存其原生矿产露头。例如含铁石英岩，铝土矿，含金石英脉，各种钨、锡石英脉型矿体和矿脉以及硅化蚀变带等。原生矿产露头中的主要矿物皆为硅酸盐和氧化物。这类矿产露头一般能形成突起的正地形，易于被发现，并且还可以根据野外肉眼观察鉴定确定其矿床类型。

氧化矿产露头特指由于遭受不同程度的氧化作用改造，矿体的矿物成分、矿石的结构构造均发生了不同程度破坏和变化的矿产露头。在对金属氧化矿产露头的野外评价中，要注意寻找残留的原生矿物以判断原生矿的种类和质量，也可据次生矿物特征来判断原生矿的特征。

金属硫化物矿体的露头常在地表形成所谓的铁帽。铁帽是指各种金属硫化物矿床经受较为彻底的氧化、风化作用改造后，在地表形成的以 Fe、Mn 氧化物和氢氧化物为主，硅质、黏土质混杂的帽状堆积物。铁帽是寻找金属硫化物矿床的重要标志。国内外许多有色金属矿床就是通过铁帽发现的，如果铁帽规模巨大，还可作铁矿开采。

（2）近矿围岩蚀变。

在内生成矿作用中，矿体围岩在热液的作用下所发生的在矿物成分、化学组分及物理性质等诸多方面的变化，即围岩蚀变。由于蚀变围岩的分布范围比矿体大，容易被发现，更为重要的是蚀变围岩常常比矿体先暴露于地表，因而可以指示盲矿体的存在和分布范围，围岩的性质和热液的性质是影响蚀变种类的主要因素。不同的蚀变种类常对应一定的矿产种类，根据蚀变围岩特征可以对可能存在的盲矿的矿化类型作出推断。

（3）矿物学标志。

矿物学标志是指能够为找矿预测工作提供信息的矿物特征。它包括特殊种类的矿物和矿物标型两个方面的内容。前者已形成了传统的重砂找矿方法。后者是近二十年来随着现代测试技术水平的提高，大量存在于矿物中的地质找矿信息得以充分的揭示而逐步发展起来的，并取得了较大的进展，目前已形成矿物学的分支学科——找矿矿物学。

特殊种类的矿物的指示找矿作用体现在由于某些种类的矿物本身就是重要的矿石矿物，或者常与一些矿产之间具有密切的共生关系，因而对于寻找有关的矿产常起到重要的指示作用。例如水系沉积物中的砂金常指示物源地有原生金矿的存在，镁铝榴石、铬透辉石、含镁钛矿常因与金刚石共生而对寻找金刚石矿产具有指示意义。

矿物标型是同种矿物因生成条件的不同而在物理、化学特征方面所表现出来的差异性。矿物标型特征的研究可以提供以下方面的找矿信息。

①对地质体进行含矿性评价。利用矿物标型可以较简捷地判断地质体是否有矿。例如，当金伯利岩的紫色镁铝榴石中 $w(Cr_2O_3) \geqslant 2.5\%$ 时，可以判断该岩体为含金刚石的成矿体；

当铬尖晶石中 $w(\mathrm{FeO})>22\%$ 时，其所在的超基性岩体通常具有铂、钯矿化；金矿床中石英呈烟灰色时，其所在的石英脉含金性一般较好。

②指示可能发现的矿化类型及具体矿种。预测工作区发育的可能矿化类型，在评价矿点和圈定预测远景区时具有重要意义。例如，伟晶岩中的玫瑰色和紫色矿物（云母、电气石、绿柱石等）的出现是锂、铯矿化的标志。

③反映成矿的物理、化学条件。利用矿物标型特征的空间变化可推测矿物形成的物理、化学条件及空间变化特征，科学进行矿床分带，从而指导找寻盲矿。

④指示矿床的剥蚀程度。矿床被剥蚀深度的分析，对深部找矿前景的评价具有重要的意义。矿床形成时在垂直方向上存在温度、压差、挥发分逸出度、成矿介质的酸碱度、氧化还原电位等规律性的变化，这些变化可以在矿物的结晶形态变化，混入杂质的组成及含量变化，有关元素含量的比值变化，不同价态的阳离子含量比值的变化，气液包裹体成分、形成温度及温度梯度等诸方面得到一定程度的反映，从而对矿床剥蚀深度的判断起到指示作用。

2. 地球化学标志

地球化学标志主要是指各种地球化学分散晕。地球化学分散晕是围绕矿体周围的某些元素的局部高含量带。这些分散晕根据调查介质的不同可分为原生晕、次生晕（分散流、水晕、气晕、生物晕）等。从研究、分析地球化学元素的途径入手达到提取含矿性标志的目的，目前已形成了较为成熟的各种专门的地球化学找矿方法。

地球化学标志在金属、能源矿产勘查工作中应用非常广泛，与其他含矿性标志相比具有独特的优点：找矿深度大，是找寻各类矿产，特别是盲矿床的重要标志，找矿深度可达百米甚至数百米；地球化学标志是发现新类型矿床及难识别矿床的重要途径。以成矿元素作为指示元素而圈定地球化学异常是一种直接的找矿标志，其不同级别的地球化学异常反映了成矿元素逐步富集的趋势。在找矿工作中从正常场→低异常区→高异常区→浓集中心→工业矿床，可以直接进行矿产的勘查和评价工作。如卡林型金矿床和红土型金矿床就是根据地球化学标志发现的。

地球化学标志的内涵丰富，获取途径多也是其一大特点。地球化学异常除了上述以众多的成矿元素作为指示元素之外，还可以根据与成矿元素具相关关系的非成矿元素作为指标元素进行异常提取和评价工作。例如在金矿的勘查工作中常选用 Cu、Pb、Zn、As、Sb、Hg 等元素及其组合作为指标元素。

3. 地球物理标志

地球物理标志主要是指各类物探异常，如磁异常、电性异常、重力异常、放射性异常等。地球物理标志对各种金属矿产、能源矿产的勘查工作有着广泛的指示作用。它主要反映地表以下的矿化信息，对地表以下的地质体具有"透视"的功能，因而是预测、找寻盲矿床（体）的重要途径。

物探异常的实质是反映地质体的物性差异。因此，地球物理标志是一种间接的找矿标志，其本身往往具有多解性。另外，物探异常的强度受地质体的埋深大小及地形地貌特征影响较大。在应用地球物理标志找矿时，必须结合地质、地貌等多方面的具体特征进行分析，以求对物探异常所反映的信息作出正确的解释。

4. 生物标志

生物的生存状况受环境影响较大，一些特殊生物的存在可以在一定程度上反映地下的地质特征及可能的矿化特征，因而可以作为指示找矿的标志。生物标志中以植物标志的应用较多，动物则因其活动性及微量的金属元素就会导致其中毒和死亡而难以利用。

应用植物作为找矿标志的依据是植物的生长受土壤及地下水中微量元素成分的影响。当地下的金属盲矿体经表生作用改造及地下水的溶解作用常使表层的土壤中也富有此类金属元素，这些一般会在植物的生长状况上反映出来，特别是一些特殊的植物具有在富含某种金属元素的土壤中生长的特殊习性，因而对找矿可以起到较好的指示作用。例如我国长江中下游的铜矿区内一般都有海州香薷(铜草)生长，目前海州香薷是公认的本地区找铜的一种指示植物。

另外，有些植物因含某种元素而产生生态变异现象而具有间接的指示找矿意义，比如锰含量高，可使石松属和紫菀属植物的颜色加深，使扁桃花冠颜色由白色变粉红色。植物群的发育特征也常具有指示找矿的意义，例如在硫化物矿区因地下水酸度过大而使植物枯萎，盐类和石膏矿床上的植物一般也比较矮小，但磷矿区内的植物往往都生长得特别茂盛。目前，生物标志的研究趋势是由宏观生物向微体生物(如藻类、细菌、真菌类)发展，由现代生物向已绝迹并成为化石的古生物发展。

5. 人工标志

人工标志主要指古采炼遗迹、特殊的地名等。例如老矿坑、古矿硐、冶炼废渣、废石堆等，它们是指示矿产分布的可靠标志。

我国古代采矿和冶金业发达，古采炼遗迹遍及各地。古代废弃的矿山一般是限于当时开采冶金技术落后而不能继续开采，对矿产的共生组合也缺乏识别能力，用现代的技术及经济条件对其重新评价，有时会发现非常有工业价值的矿床。我国不少矿区是在此基础上发现和开发的，此外，可以这些古采炼遗迹为线索，通过对成矿规律、找矿地质条件的研究找到更为重要的新矿体。

(二) 矿区地质概况

官房铜矿地处南澜沧江火山弧北段，夹持于临沧花岗岩基与澜沧江深大断裂之间，是澜沧江洋板块和思茅地块俯冲碰撞的聚合地区(图 1-1，图 1-2)。本区的构造格架从西向东依次为昌宁—孟连晚古生代洋脊/准洋脊玄武岩、蛇绿混杂岩带、印支期临沧复式花岗岩基和南澜沧江二叠纪—三叠纪火山岩弧带。

官房铜矿矿区地层为上三叠统小定西组(T_3x)基性火山岩和中三叠统忙怀组(T_2m)流纹质火山岩。小定西组主要为一套高钾钙碱性玄武岩-钾玄岩组合，局部夹泥质板岩、凝灰质砂岩和硅质岩，具有脉动喷发的特点。在每一次喷发旋回的上部，气孔杏仁构造发育，岩石为紫红色或砖红色，到中下部则过渡为青灰色致密块状，以溢流相为主，反映陆相和海陆交互相环境。

忙怀组火山岩厚2044 m，为一套高钾流纹质火山岩及火山碎屑岩组合。在官房矿区忙怀组地表很少出露，主要见于钻孔，岩性主要为紫红色流纹质角砾岩、流纹岩，顶部以一层厚3~10 m 的凝灰质砂岩、页岩与小定西组假整合接触。

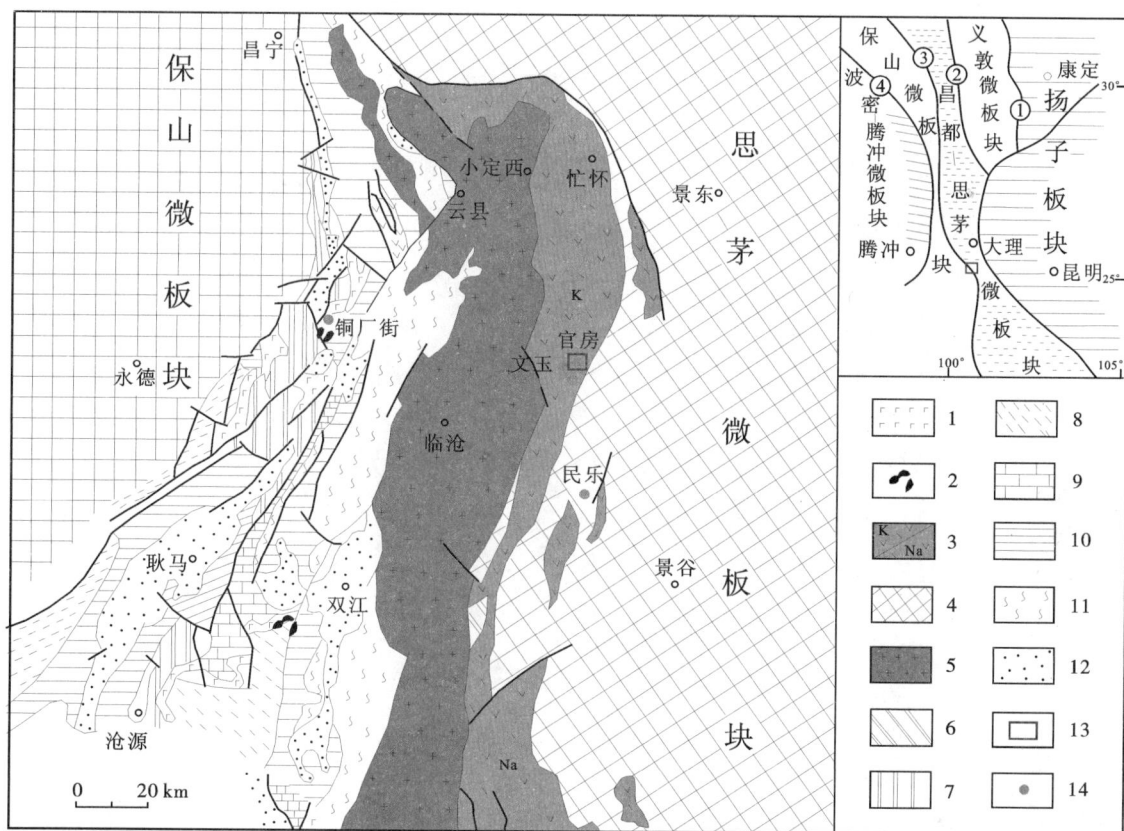

1—洋脊/洋岛型玄武岩；2—超镁铁岩；3—钾质/钠质弧火山岩；4—微陆块；5—花岗岩；6—被动边缘半深水-深水相；7—主动边缘（浊积岩）弧前斜坡相；8—洋盆深水相；9—浅水碳酸盐台地；10—前泥盆系地层；11—前寒武系基底；12—T₃-Q地层；13—研究区；14—铜矿床；①甘孜-理塘板块结合带；②金沙江-哀牢山板块结合带；③澜沧江板块结合带；④怒江板块结合带。

图 1-1 南澜沧江区域地质略图

区域断裂和褶皱构造发育，构造线总体方向为 SN 向，延伸数十至数百千米。澜沧江断裂为区域性深大断裂，总体上为近 SN 向，在矿区南侧急转成 EW 向。断裂两侧发育次级 NWW 向压扭性断裂和 NNW 向张扭性断裂。巨厚的三叠系酸性和基性火山岩沿断裂呈带状分布。拿鱼河断裂是平行于澜沧江断裂的次级断裂，倾向东，倾角 50°~75°，属压性断裂，断裂带宽 150~500 m，为一具有许多挤压滑动镜面的压碎角砾岩片理化带。受澜沧江和拿鱼河两大断裂的夹持及隐伏闪长岩体的侵位影响，矿区内断裂构造十分发育，与成矿关系极为密切，是主要的导矿构造和容矿空间。按走向大致可分为 SN 向、NE 向、NWW 向及 EW 向四组，具有环形和放射状的特点，和遥感影像特征一致，与成矿关系密切的断层有 NWW 向、NE 向和 SN 向 3 组，为主要的控矿断裂。

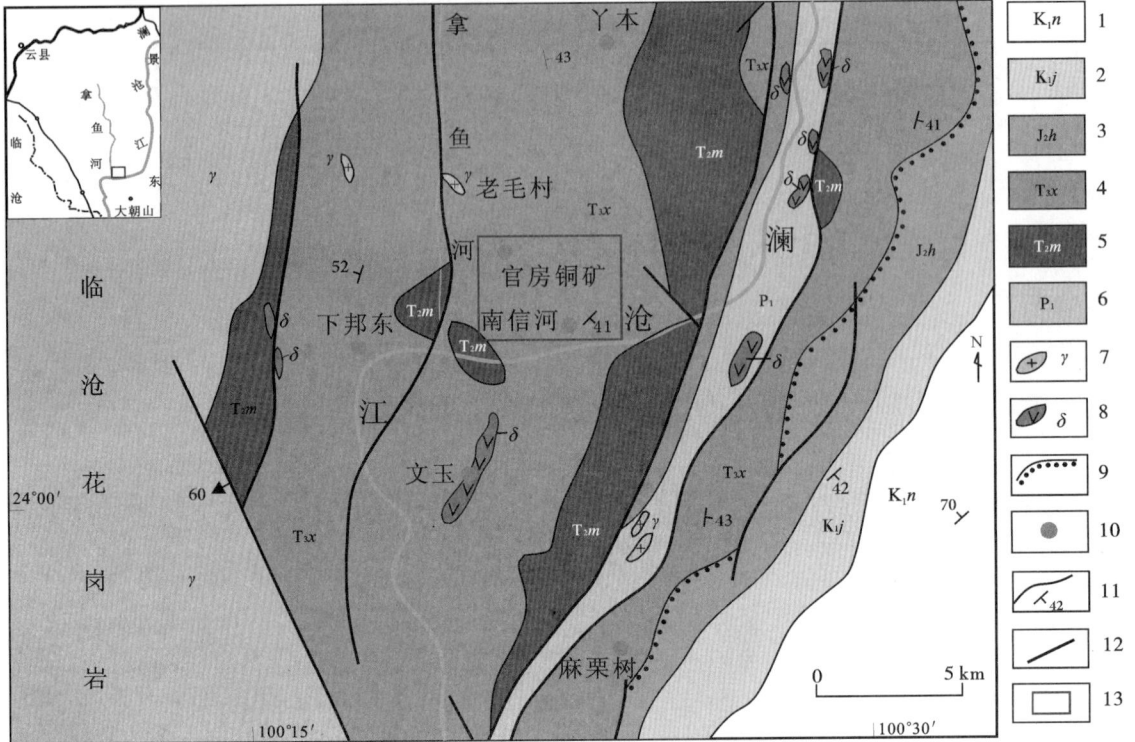

1—白垩系南新组；2—白垩系景星组；3—侏罗系和平乡组；4—上三叠统小定西组；5—中三叠统忙怀组；6—上二叠统；7—花岗岩体；8—闪长岩体；9—不整合接触界线；10—铜矿床(点)；11—地质界线和岩层产状；12—断裂；13—研究区。

图 1-2　官房铜矿区域地质图

扫一扫，看彩图

官房铜矿现已发现 30 多个工业矿体和矿化体，赋存于小定西组的不同亚段中，主要受构造和火山岩岩性控制，对层位没有选择性。目前在忙怀组酸性火山岩中没有发现工业矿体，但可见较强的黄铁矿化和黄铜矿化。根据矿体的类型、性质和分布范围可分为三个矿段，即向阳山矿段、山南矿段和岩脚—南信河矿段，其中向阳山矿段为目前主要开采矿段(图 1-3)。

官房铜矿矿体主要包括四种类型。

第一种类型的矿体主要分布在向阳山矿段隐伏闪长岩体的东南侧，以 I 号矿体最为典型。从平面上看呈透镜状，从剖面上看似梯状，有明显的多层性，层数少则三四层，多则十余层，层距大小不一，小则 2~3 m，大则数十米，与火山岩喷发旋回小韵律有明显的相关性。由为数众多的小矿体组成一个产状陡倾的大矿体，倾角为 75°~85°，严格受同一条高角度压扭性断裂破碎带和小定西组火山岩喷发小旋回岩性控制。矿体的每一个"梯级"都相当于一个小矿体，这种小矿体与火山岩层序一致，多为顺层产出，产状较缓，倾角一般为 10°~30°，呈似层状、透镜状和扁豆状，一般厚 2~15 m，长为 40~350 m。矿体与围岩为渐变接触关系，矿体走向总体上与控矿断裂破碎带的走向一致，明显受到控矿断裂的制约。

此类型矿体规模大、品位高，为官房铜矿目前所发现的最重要的一种矿体类型。

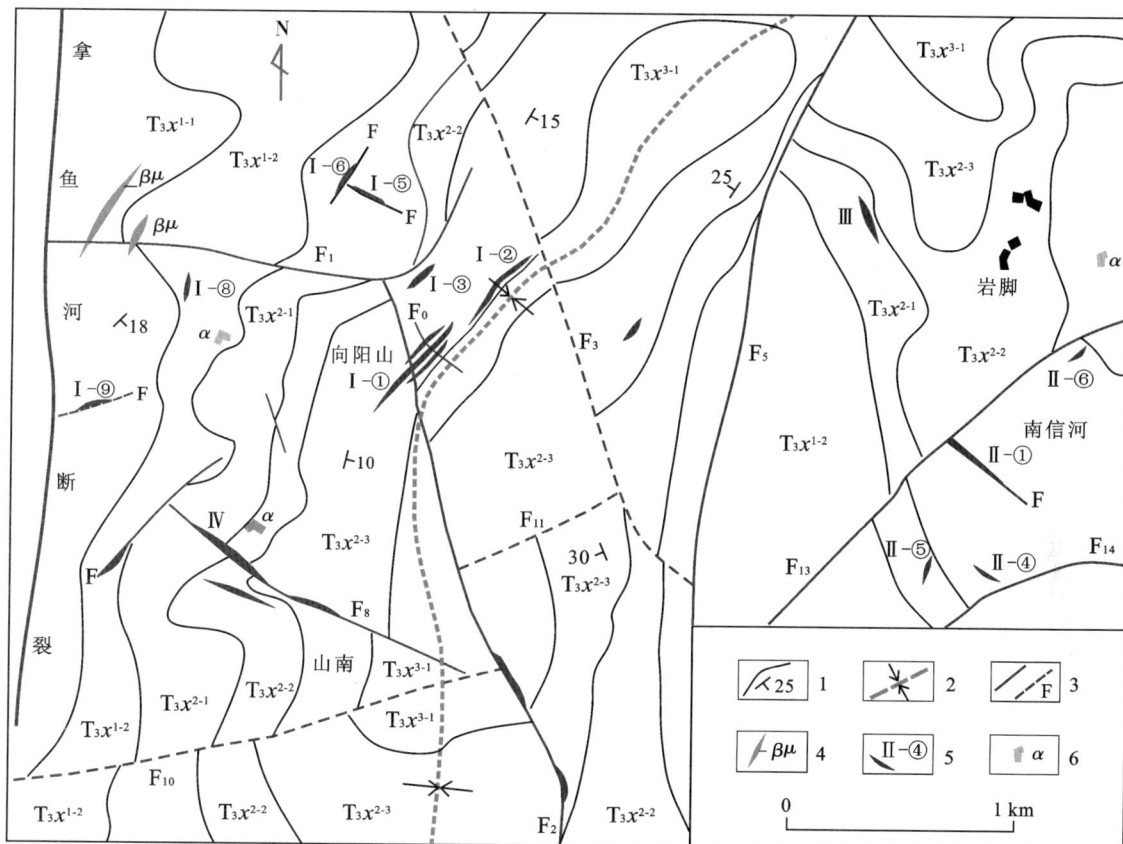

1—地质界线和岩层产状；2—向斜轴；3—实测和推测断裂；4—辉绿岩；5—铜矿体及编号；6—火山集块岩；D_3x^{1-1}—上三叠统小定西组第一段第一亚段玄武岩、玄武质凝灰岩夹火山角砾岩；D_3x^{1-2}—小定西组第一段第二亚段玄武岩局部夹火山集块岩；D_3x^{2-1}—小定西组第二段第一亚段玄武岩；D_3x^{2-2}—小定西组第二段第二亚段玄武岩和粗玄岩；D_3x^{2-3}—小定西组第二段第三亚段玄武岩、玄武质角砾凝灰岩、钾玄岩；D_3x^{3-1}—小定西组第三段第一亚段玄武岩、玄武质角砾凝灰岩夹凝灰质粉砂岩。

图1-3　官房铜矿矿区地质图

　　矿石类型较简单，金属矿物主要由斑铜矿、黄铜矿、方铅矿和黄铁矿组成，颗粒较粗，呈浸染状或细脉状赋存于小定西组紫红色或紫灰色气孔杏仁玄武岩中，成矿作用以交代作用为主。矿石类型和蚀变类型水平和垂直分带特征清晰，蚀变以黄铁矿化、退色化、碳酸盐化和绿泥石化为主，细脉状硅化不发育。

　　第二种类型的矿体产状陡倾，严格受张性断裂破碎带控制，在平面和剖面上均表现为由互不连续的透镜状小矿体群组成。矿体厚度不大，通常为$1 \sim 5$ m，延深一般小于150 m。矿石类型简单，规模不太大，平面和剖面上的分带特征不明显，金属矿物主要由黄铜矿、斑铜矿和方铅矿组成，品位跳跃大，局部可以形成品位极高的富矿囊，总体品位高。金属矿物呈浸染状、细脉状或角砾状赋存于断裂破碎带及上、下盘小定西组玄武岩中，颗粒较粗，成矿作用以充填作用为主。蚀变以碳酸盐化、绿泥石化为主，黄铁矿化、退色化和硅化均不太发育，蚀变强度和蚀变范围远不如第一种类型，矿体主要分布在隐伏闪长岩体的外围。

　　第三种类型矿体为石英脉型铜铅矿体，其突出表现是石英脉特别发育。矿体严格受断裂破碎带控制，形态简单，产状陡倾，成板状或透镜状产出，与围岩接触界线清晰。矿石类型简单，由黄铜矿、斑铜矿和方铅矿组成，赋存于石英脉或玄武质断层角砾岩的胶结物中，矿石品位一般较低且变化系数大，但局部有品位特富的次生富集带。蚀变以硅化、绿泥石化、碳酸盐化为主，黄铁矿化不太发育，蚀变强度和蚀变范围也不如第一种类型。

第四种类型的铜矿体于 2012 年在向阳山矿段 1300 中段通过坑内钻被发现，属于空白区重大找矿突破。矿体位于隐伏闪长岩体的北侧，NE 向和 NW 向两条主干控矿断裂在此交会，在 1300 中段的北边形成了一个规模较大、硅化强烈、石英脉广泛发育、以细粒薄膜状斑铜矿为鲜明特征的 2-1 号筒状矿体，筒状矿体在平面上大致呈椭圆形，长轴长 60~70 m，短轴长 40~50 m。矿体产状稳定，连续性好，倾向 NW，倾角近 65°，该矿体向上控制标高为 1338 m 左右，向下已控制到 1266 中段。与其他类型矿体的显著不同：①矿化以细粒薄膜状斑铜矿为主，黄铁矿化蚀变基本不发育，显示出富铜贫铁特征；②产状形态为筒形，同时受交会的两条主干控矿压性断裂控制；③具角砾构造的矿石比例大，角砾为铜矿石，胶结物多为后期形成的形态不规则的乳白色石英，且胶结物基本不含矿。

除此之外，官房铜矿还发现有许多独立的铅矿体，主要有两种类型。一种呈脉状，为破碎带或裂隙带所控制，一般规模不大，但品位较高，含铅最高可达 55%；另一种类型分布在铜矿体的外带，呈浸染状产出，规模较大，但品位较低，含铅一般在 2% 左右。两种类型的铅矿体含银均不高。

矿石中矿物多达 20 余种，金属矿物主要有黄铜矿、斑铜矿、黄铁矿、方铅矿，其次为孔雀石、硅孔雀石、自然铜、赤铁矿、铜蓝、辉铜矿、磁铁矿、碲银矿等。非金属矿物主要由斜长石、绿泥石、石英、方解石组成，含少量辉石和绿帘石等。

矿石的主要结构有他形粒状结构、自形-半自形结构、溶蚀结构（常见辉铜矿、黄铜矿溶蚀交代黄铁矿）、反应边结构（常见辉铜矿沿斑铜矿边界交代溶蚀）和碎裂结构等。矿石构造主要有浸染状、星点状、细脉状、块状、杏仁状、气孔状、角砾状和皮壳状构造。浸染状构造为本区主要矿石构造，常见黄铜矿、斑铜矿、方铅矿、黄铁矿、辉铜矿等弥漫于蚀变玄武岩中。细脉状构造主要由黄铜矿、斑铜矿、黄铁矿呈细脉状出现在断裂附近的节理带上。角砾状构造可分为两种，一种是由浅部控矿张性断裂引起的角砾状构造，角砾棱角分明，可拼性好，铜矿物一般以胶结物的形式出现；另一种是由热液蚀变引起，角砾有较好的磨圆度，角砾和胶结物都有铜矿化，反映了气液上升过程中的隐爆蚀变作用和成矿的多期次性。

官房铜矿的铜铅矿化伴有强烈的热液蚀变，主要蚀变类型包括硅化、黄铁矿化、碳酸盐化、绿泥石化、绿帘石化和绢云母化等。不同特征的蚀变成为本区的重要找矿标志。

硅化与成矿关系密切，发育广泛。硅化分为两类，一类为微细粒柱状石英（<0.2 mm）充填交代火山碎屑，含量（质量分数）为 2%~10%；另一类表现为破碎带及节理带中广泛产出的石英脉（图 1-4，图 1-5）。前者表现为一种中温热液蚀变特征，形成温度较高，后者的形成温度较低，形成时间也较晚。

黄铁矿化是本区另一种重要的热液蚀变，常在围岩及矿体中呈浸染状或在角砾岩中以胶结物的形式产出（图 1-6），一般粒度为 0.005~0.1 mm，从矿体内部向外，常表现出黄铁矿+黄铜矿→黄铁矿分带，与成矿关系密切。值得注意的是本区也有不少规模较大黄铁矿化带并未伴随有铜铅矿化，这种黄铁矿化带常常会误导探矿工程的布置。

碳酸盐化主要表现为在小定西组基性火山岩中形成方解石团块及网脉（图 1-7），在断裂破碎带和节理裂隙中的方解石细脉，为岩浆和构造热液活动的产物，伴有铜铅矿化。

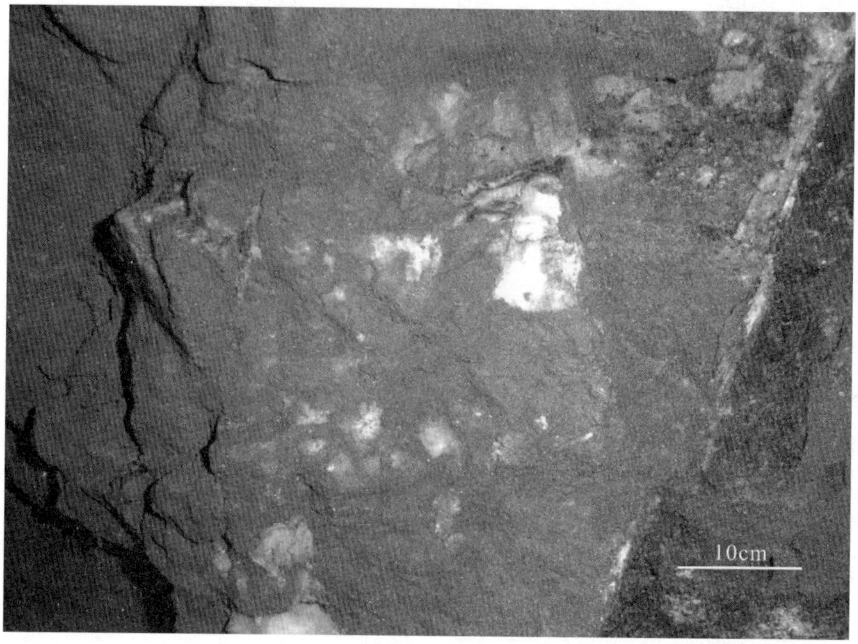

图 1-4　官房铜矿山南矿段 1150 中段含铜石英脉

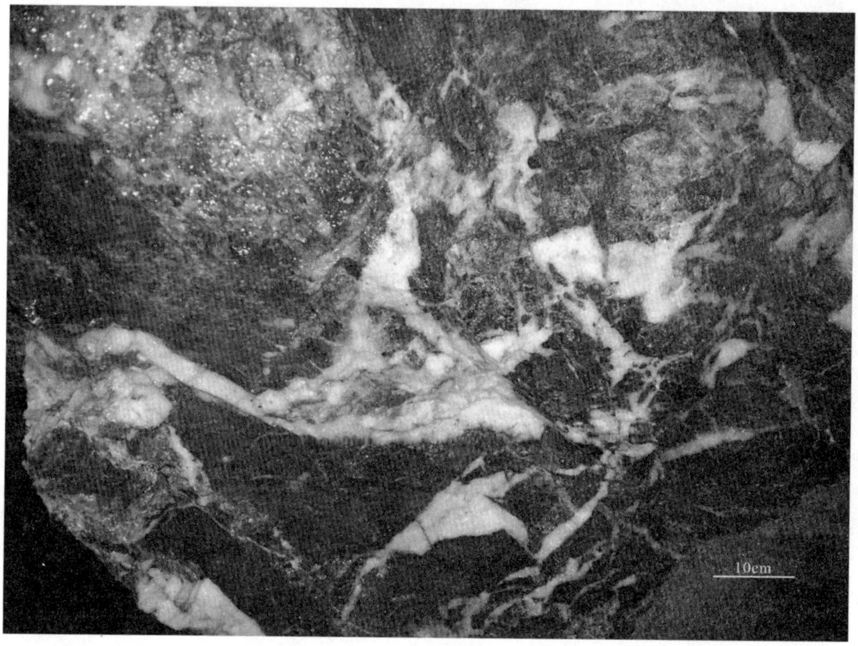

图 1-5　官房铜矿 1300 中段 2-1 矿体中后期形成的石英脉

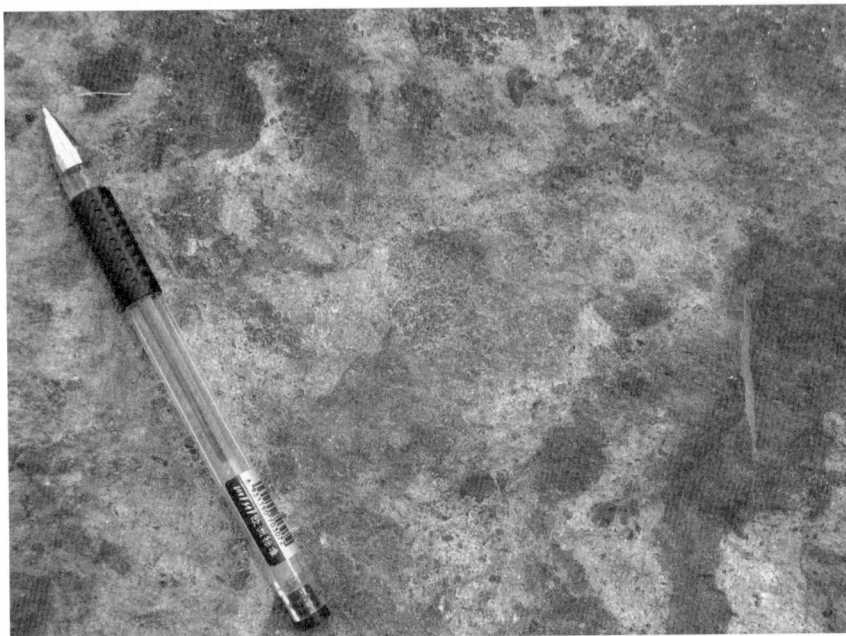

图 1-6　官房铜矿 1530 中段黄铁矿化和退色化蚀变

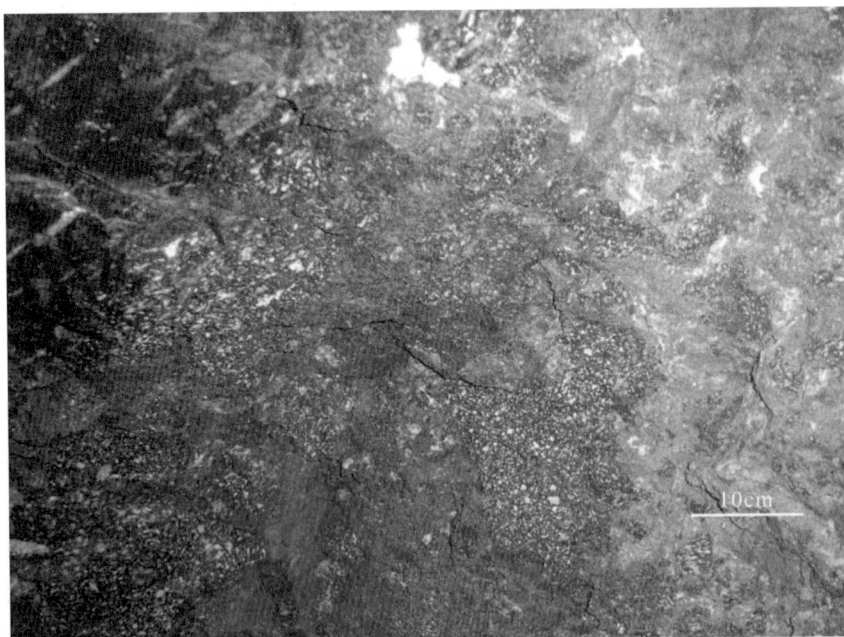

图 1-7　官房铜矿 1530 中段矿体附近的黄铁矿化、退色化和碳酸盐化蚀变

绿泥石化在矿区基性火山岩中分布广泛，在铜矿体及周边围岩中更为发育，在铜矿体中的绿泥石一般赋存于基性火山岩的"杏仁"中，呈粒状、浸染状分布；在矿体周边的围岩中绿泥石一般赋存于玄武岩的节理裂隙中，受岩石剪应力的影响，绿泥石多为薄膜状、纤维状和

片状(图 1-8,图 1-9)。

图 1-8　节理面的片状绿泥石化和薄膜状斑铜矿化

图 1-9　矿体附近围岩中广泛发育的绿泥石杏仁体

　　绿帘石化在矿区主要赋存于基性火山岩的破碎带、节理裂隙中,多呈脉状、细脉状,常与石英伴生在一起,也有绿帘石赋存于铜矿体中,与斑铜矿相伴生(图 1-10)。

扫一扫，看彩图

图1-10 官房铜矿1090中段斑铜矿矿体中的绿帘石化

绢云母化也是矿区常见的蚀变类型，由热液作用引起，主要表现形式为绢云母交代斜长石，常和黄铁矿化、硅化蚀变一起组成"黄铁绢英岩"，与成矿关系密切。

退色化蚀变在官房铜矿发育也极为普遍。紫红色、紫灰色和青灰色玄武岩原岩在热液流体的作用下，暗色铁镁矿物部分或全部破坏分解流失，新形成的碳酸盐、云母等浅色矿物使岩石颜色明显变浅、变松散，色调大多呈灰白色。如果交代蚀变作用不彻底，会有较多的紫红色或青灰色玄武岩原岩角砾残留，形成交代角砾岩。

(三)官房铜矿矿区直接找矿标志

固体矿床的直接找矿标志主要有矿体的原生和氧化露头、铁帽、矿石转石、有用重矿物和古矿冶遗址等。本区的直接找矿标志主要是矿体露头(图1-11)和矿石转石。

(四)官房铜矿矿区物化探等间接找矿标志

本区的间接找矿标志主要有线状或面状硅化、黄铁矿化、绿泥石化等近矿围岩蚀变、控矿断裂交叉、井下中酸性岩脉、地球物理和地球化学异常、铜草及硅化强烈的正地形。

研究区内开展了一些常规物探、化探工作。物探方法主要为双频激电法、大功率激电法、激电测深等常规方法；化探方法为土壤地球化学测量(1∶25000)。开展的工作取得了一系列物化探异常成果。

通过土壤地球化学测量工作，共圈出地球化学异常19处，再根据异常的规模、形态、异常强度、元素组合及套合性、与已知矿(化)体和探矿构造的关系将其分为甲类异常、乙类异常和丙类异常(图1-12)。

扫一扫，看彩图

图 1-11 官房铜矿向阳山矿段小铜山矿体氧化露头和正地形

在官房、南信河和南马村等测区，开展了 1：10000 激电中梯扫面和 1：2000 激电测深工作，共圈出激电中梯异常 20 个（图 1-13）。

官房测区的 Ⅰ 号异常呈 NNE 至 NE 方向展布，长约 1100 m，宽 200~350 m，向 NE 方向未封闭，F_s 最大值 3.7%。异常规模较大，强度较高，在异常南部，分布有 Ⅰ-1、Ⅰ-2、Ⅰ-3 三个铜矿体，在异常中部的西缘，分布有 Ⅰ-4 铜矿体。

官房测区的 Ⅱ 号异常总体上呈 NNE 方向延伸，长约 1650 m，宽 200~400 m，由几个走向 NE 呈雁行排列的小异常组合而成，F_s 最大值 2.7%。在异常的边部出露有 Ⅰ-7、Ⅰ-8、Ⅰ-9 三个矿体。

南信河测区共圈出 2 个异常，分别由 4 个及 5 个小异常组成，异常走向为 NW 向。单个异常规模较小，最大异常长约 700 m，宽约 200 m（图 1-13），在小异常边部及外缘，见有 Ⅱ-1、Ⅱ-4 铜矿体分布。

南马村测区共圈出 5 个激电异常，Ⅰ、Ⅱ、Ⅲ 号为主要异常，Ⅰ 号异常长大于 600 m，向 N 未封闭，F_s 最大值 5.3%，异常中心部位有 Ⅱ-7 铅矿体、Ⅱ-8 铜矿体出露。Ⅱ 号异常长约 500 m，F_s 最大值 3.3%，其南端部有 Ⅱ-9 铅矿体出露，Ⅲ 号异常长大于 500 m，向南未封闭，F_s 最大值 4.5%，与南信河 Ⅰ、Ⅱ 号异常在同一 NW-SE 走向带上。

物化探方法的投入丰富了研究区的找矿信息，为更好地分析和评价研究区的找矿前景提供了必要的参考数据。已知矿区矿（化）体产出部位均有较好的物化探异常，说明物化探工作的开展是有效的。物化探工作的开展使得我们对研究区的地质构造、矿化、蚀变等信息有了较全面的了解，为地质找矿工作提供了辅助分析资料，同时可以为确定预测靶区提供充实的依据，但物探异常不能完全等同矿体，其仅仅为探矿工程设计靶区。要确定矿体的产状、形态及矿脉的组合等还需做大量的地质工作。对于获得的异常性质还需要进行细致的分析解译，优选一些成矿有利部位的物化探异常进行工程验证，以进一步验证物探方法的有效性。

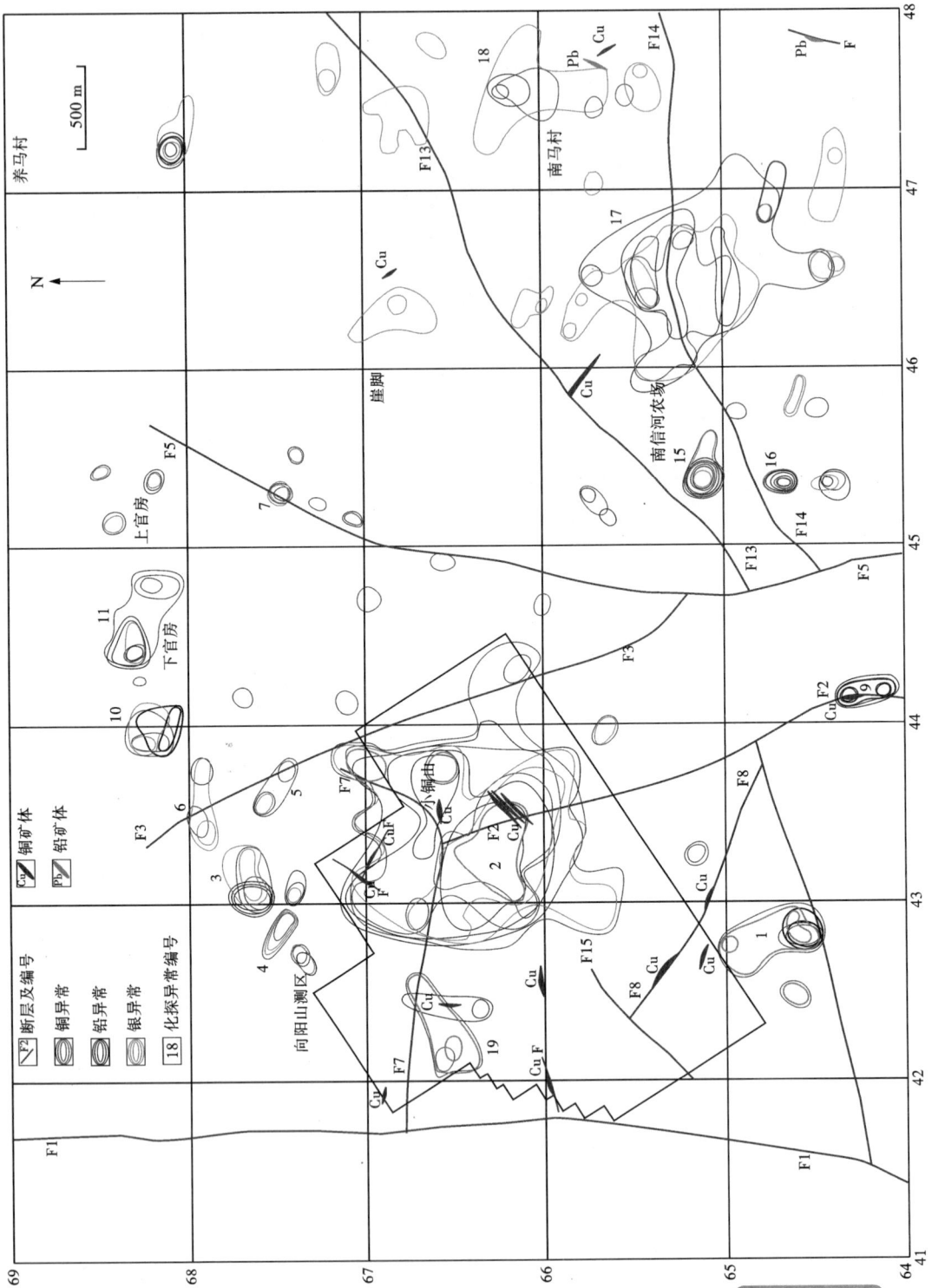

图1-12 官房矿区土壤次生晕地球化学异常图

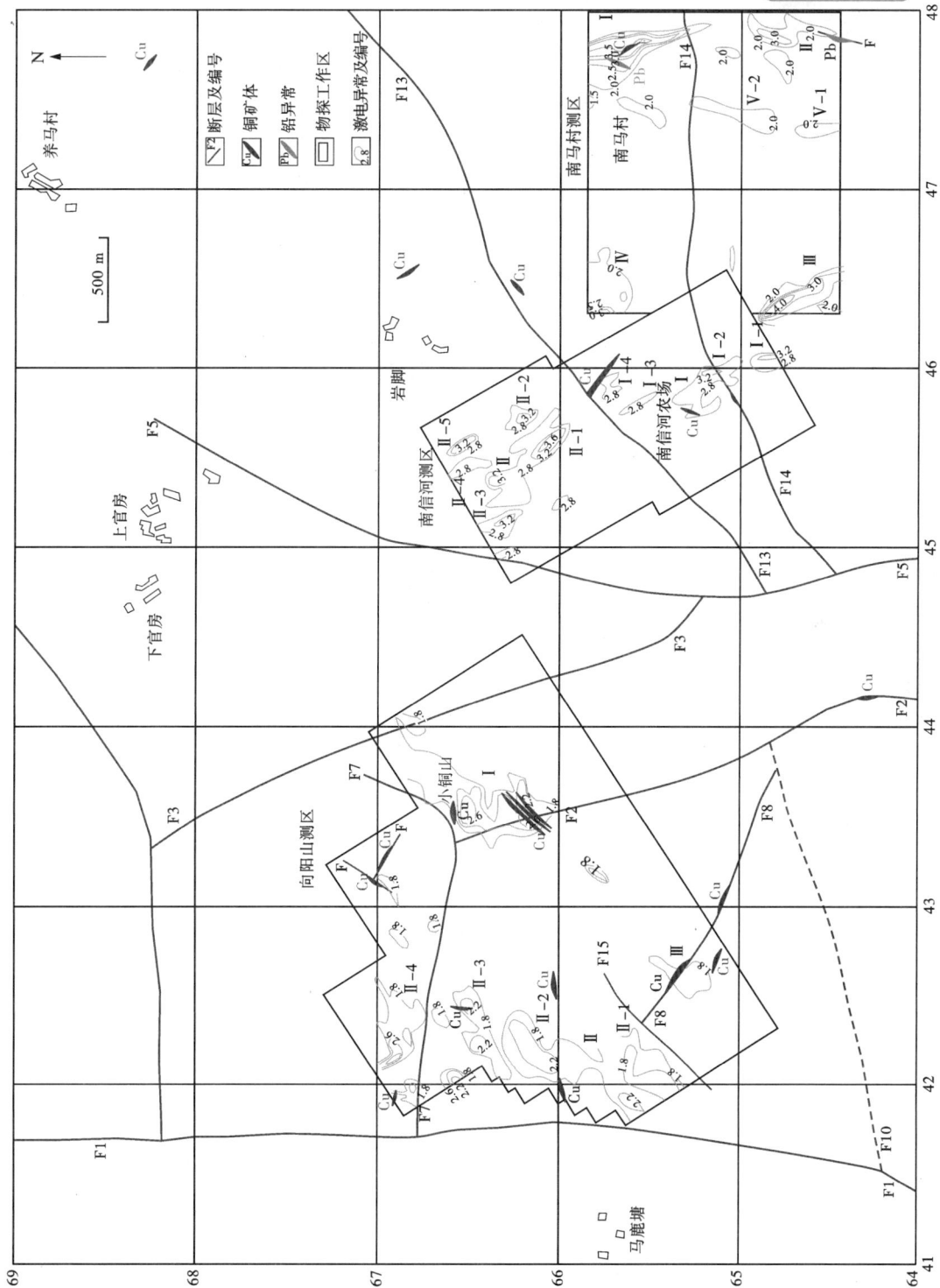

图1-13　官房矿区物探异常平面图

物化探成果的取得需要对其作出较为合理的分析，否则会误导找矿思路和认识，尤其要结合地质认识进行异常解译，使物化探工作发挥其应有的作用。

值得注意的是，本次研究区内投入的均是常规的物探方法，其探测深度有限(小于300 m)，对浅部地质情况的分析可以起到一定的指示作用，但对深部的矿体还需要进行细致的地质工作进行预测。

另外，地质噪声，主要是地形、地下水、黄铁矿和凝灰岩的影响，对进行异常解译起到了干扰作用。起伏地形，往往在山顶出现假的低阻，在山谷出现假的高阻，使物探异常产生畸变。地下水，特别是矿化地下水，往往会形成低阻、中等幅频率异常、干扰物探异常的解译。这些因素在异常解译过程中应加以注意，以便有效地剔除干扰引起的非矿致异常。

实习二

1∶50000 成矿规律图与成矿预测图编制

一、实习目的和要求

实习目的：根据香花岭地区成矿地质条件、找矿标志、矿产分布、矿床类型特征和地质、物化探、遥感、重砂等综合找矿信息，总结该地区成矿规律，在编制 1∶50000 成矿规律图的基础上，结合地质、物化探、遥感和重砂等找矿信息，编制 1∶50000 成矿预测图。

实习要求：编制香花岭地区成矿规律图(1∶50000)及简要说明书；编制香花岭地区成矿预测图(1∶50000)及简要说明书。

二、实习材料准备

(1)附表 2-1 香花岭地区锡矿床(点)特征简表；
(2)附表 2-2 香花岭地区钨锡多金属矿床(点)特征简表；
(3)附表 2-3 香花岭地区铅锌、铅锌多金属矿床(点)特征简表；
(4)附表 2-4 成矿预测区分类准则；
(5)附图 2-1 香花岭地区地质及矿产分布图(1∶50000)(见云盘)；
(6)附图 2-2 香花岭地区物化探、重砂、遥感和放射性测量综合成果图(1∶50000)(见云盘)。

三、实习步骤

(1)复习"矿产勘查学"课程相关内容，掌握成矿预测的基本理论和主要的技术方法；
(2)仔细研读实习材料：香花岭地区地质概况及相关附表和附图；
(3)编制香花岭地区成矿规律图(1∶50000)及相应的简要说明书；

（4）以香花岭地区成矿规律图为底图，编制香花岭地区成矿预测图（1∶50000）。

四、实习内容和方法

在全面了解成矿地质条件和矿化标志的基础上，深入地分析香花岭地区钨锡多金属矿床的成矿规律，划分成矿单元，编制成矿规律图，并为下一步的成矿预测与找矿靶区优选作好准备工作。

（1）全面研究香花岭地区矿产地质和分布特征。

重点研究香花岭地区的矿产种类、成因类型、工业意义、矿体规模、形态产状、矿物共生组合、矿床矿物分带、围岩蚀变、形成时代、矿体产出与岩体和构造的空间关系等。

（2）深入分析和总结香花岭地区的成矿规律。

根据各类矿床（点）的控矿地质因素，分析以下内容：①矿床的空间分布规律；②矿床的时间分布规律；③矿床系列共生规律；④矿床的物质来源规律。

（3）编制香花岭地区 1∶50000 成矿规律图。

编制成矿规律图时，根据香花岭地区矿产分布及地质图（1∶50000）和香花岭地区物化探、重砂、遥感和放射性测量综合成果图（1∶50000），划分成矿单元（本实习的成矿单元级别划分为矿带或矿田）。划分的具体步骤为：①确定划分矿带或矿田的基本原则；②依据矿带或矿田划分的基本原则，确定矿带或矿田及其范围；③用封闭曲线（多为封闭折线）圈定各矿带或矿田的范围边界；④对矿带或矿田进行命名和标注，矿带或矿田以"地名+矿种组合"的方式命名，如癞子岭锡铅锌矿带、塘官铺钨锡多金属矿田等。

五、香花岭地区地质概况

1. 自然经济地理

研究区内地势北高南低、西高东低，中山区分布在西部的香花岭，海拔一般在 1000～1300 m，相对高差 500～800 m，主峰通天庙高达 1593.7 m。山势陡峻，多悬崖绝壁，深切割，"V"型谷发育。山峰呈尖棱状，山脊窄，多呈放射状，研究区西部放射树枝状、网状水系发育。

低山区分布在研究区中部，海拔一般在 500～1000 m，相对高差 100～400 m，地形切割较浅。

气候属大陆亚热带气候，总的特点是春夏多雨，秋冬干燥。各地海拔与地形起伏相差大，因而气候出现明显的差异：山区气候条件差，春冬多雾，夏季多阵雨，最高气温 30～35℃，冬季有霜冻。特别是海拔在 1000 m 以上的香花岭山区，雾期长、雾日多、日照短的特点更为突出，冰冻期长达 2～3 个月，严重影响了野外地质工作的开展。野外工作时间比相邻地区要短 3 个月，最佳时间是在 8～11 月；低山丘陵区气候较好、晴天多、日照长、基本无霜冻，最高气温可达 40℃，有利于野外工作和农作物生长。

研究区内经济较为活跃，工业以采矿业为主，特别是香花岭地区采矿盛行，对区内的经济发展、百姓脱贫致富起到了重大的促进作用；其次还促进了农业机械、化工、水泥生产、木材加工与小水电业。

农业因各地气候不同有所差异，低山丘陵区以种植双季水稻为主，产量较高，粮食自给有余；山区单季水稻产量低，辅以红薯、玉米等杂粮，经济作用有烤烟、药材、竹木等。

2. 成矿地质背景

湘南地区构造上处于扬子板块与华夏板块的对接带，同时位于 EW 向南岭成矿带与 NE 向钦杭成矿带的结合部位。本区的大地构造位置处于南岭 EW 向构造带和耒阳—临武 SN 向构造带的复合部位，是南岭地区 EW 向构造–岩浆–成矿带的重要组成部分。本区地质构造复杂，燕山期岩浆活动强烈，有色稀有多金属矿床(点)分布密集，成矿条件十分优越。

香花岭地区花岗岩地表出露面积约 7.5 km²，包括 21 个大小不等的侵入体，一般呈小岩株状产出，区内出露的岩浆岩主要为燕山早期的酸性侵入岩和岩脉，其中规模较大的有癞子岭、尖峰岭和通天庙等岩体。在构造上，岩体侵位于南岭 EW 向构造带中段北缘与耒(阳)—临(武)SN 构造带南端西侧复合部位的通天庙背斜穹隆(短轴背斜构造，轴向近 SN)中。香花岭地区地层从寒武系到上古生界泥盆系、石炭系、二叠系及中、新生界的三叠系、侏罗系、白垩系、第四系均有出露。其中，通天庙穹隆构造的核部为寒武系下统，翼部为以泥盆系和石炭系碳酸盐岩类为主的浅海相碎屑岩系。

2. 地层

(1)寒武系(Є)。

区内寒武系地层出露于香花岭短轴背斜核部，未见底，其上不整合的泥盆系地层，是一套由碎屑岩类和黏土岩类组成的韵律性很强的复理石建造。本区寒武系采用五分法，自下而上分为塔山群第一段($ЄT^1$)到塔山群第五段($ЄT^5$)。

第一段($ЄT^1$)：主要分布于香花岭主峰通天庙一带，呈近 EW 向向北突出的弧形展布。岩性以板岩为主，下部为灰至深灰色、灰绿色中厚层状浅变质细中粒石英砂岩、石英杂砂岩、长石石英砂岩与板岩、粉砂质板岩呈互层；上部以板岩为主，炭质板岩夹层较多，亦含硅质板岩；未见底，厚度大于 1010 m。

第二段($ЄT^2$)：分布在通天庙穹隆中部，尖峰岭岩体的西北侧。岩性以浅变质砂岩为主，为一套灰至深灰色、灰绿色厚层块状中至细粒长石石英杂砂岩，夹粉砂岩、粉砂质板岩及少量砂质板岩，含炭质板岩和硅质板岩。岩性较稳定，厚度变化不大，含少量藻类化石，厚度 407.4 m。

第三段($ЄT^3$)：分布在通天庙穹隆中部，尖峰岭岩体的西北侧。岩性为一套为绿色、深灰色中厚层状粉砂质板岩、板岩、硅质板岩、炭质板岩及粉砂岩与中厚层细粒长石石英杂砂岩互层，下部碎屑岩较多，上部黏土岩稍多，由若干韵律所组成，产藻类化石，厚度 1343.1 m。

第四段($ЄT^4$)：分布在尖峰岭岩体的西侧，岩性以砂岩为主，主要有粉砂岩、板岩夹少量长石石英杂砂岩和薄层硅质岩，与第三段相比，碎屑岩略有减少，粉砂泥质成分增多，厚度 352.7 m。

第五段($ЄT^5$)：分布在通天庙穹隆南部，尖峰岭岩体的西侧，由变质石英砂岩、长石石英砂岩及绢云母板岩、炭质板岩组成，中上部缺失，与上覆泥盆系地层呈角度不整合接触。

（2）泥盆系（D）。

区内泥盆系下统 D_1 缺失，中上统广泛分布，主要分布于研究区的西北部、中部、东南部以及西南角，常构成背斜的轴部，由一套陆相及滨海相碎屑岩、浅海相碳酸盐岩组成，与下伏寒武系地层呈角度不整合接触，而与上覆石炭系地层呈整合接触。

①中统（D_2）又可分为以下几组：

跳马涧组（D_2t/Dt）：是指整合于源口组（Dy，由原跳马涧组下段地层细分而成）之上，沙河组（Ds）之下的一套陆源滨海相浅色碎屑岩沉积建造，下部为灰白、棕红色底砾岩、砂砾岩、石英砂岩。砾石成分主要为变质长石石英砂岩、板岩；中部为紫红色砂岩、砂页岩、夹豆状赤铁矿砂岩；上部为黄绿、灰绿及灰白色薄层石英砂岩、粉砂岩及砂质页岩。该组层厚约800 m，是本区的主要赋矿围岩之一。

棋子桥组（D_2q/Dq）：为一套浅海相夹滨海相的碳酸盐岩沉积建造，依岩性可分为下、中、上3段。下段以灰-灰黑色中至厚层状泥质灰岩、泥灰岩为主，局部夹灰岩和钙质页岩，含星点状、扁豆状黄铁矿，富含珊瑚类、腕足类化石。中段为灰黑色厚至巨厚层状结晶白云岩、白云质灰岩与灰岩互层。结晶白云岩和白云质灰岩溶沟发育，风化面成刀砍状，岩石中普遍含有苔藓虫、层孔虫和少量珊瑚类、腕足类化石。上段为粉砂灰岩、泥灰岩及钙质砂岩和炭质灰岩。该组地层中、上部富含生物化石，厚度约500 m。棋子桥组中的碳酸盐岩多已蚀变为中粗粒白云岩，是本区最重要的赋矿围岩，太平、新风、泡金山、深坑里和铁砂坪等锡铅锌多金属矿床均赋存于此地层中。

沙河组（Ds）、黄公塘组（Dh）：沙河组指原棋子桥组下部的泥灰岩、泥质灰岩为主的地层；黄公塘组则相当于原棋子桥组中、上部由白云岩为主组成的地层，为一套局限台地的碳酸盐沉积。二者分布于香花岭背斜倾伏端及东翼，在地质填图中，把沙河组（Ds）和黄公塘组（Dh）合为一个填图单位，用 $Ds+h$ 表示。

②上统（D_3）又可分为两组：

佘田桥组（D_3s）：由厚层致密灰岩、含白云质条带灰岩及竹叶状灰岩组成，厚310 m。

锡矿山组（D_3x/Dx）：依岩性可分为上、下两段。

下段（D_3x^1）：为灰白色厚层粒状结晶白云岩夹灰岩、白云质灰岩。白云岩为灰白色，不等粒结构，重结晶明显。白云质灰岩风化面上有癞痢状或条带状白云质凸起，局部含燧石结核，厚约300 m。

上段（D_3x^2）：下部为灰-浅灰色灰岩，夹有4~6层钙质砂岩，见少量的腕足类化石和丰富的海百合茎化石，厚约100 m。

泥盆系中统是本区主要赋矿层位，其中跳马涧组的碎屑岩是锡矿化富集的主要层位，棋子桥组的碳酸盐岩是铅锌矿化富集的主要层位。

桐木岭组（Dtm）：研究区的桐木岭组相当于其他图区的锡矿山组上段，露头较好，出露广泛，为一套碎屑岩和碳酸盐岩的混合沉积类型，顶部为灰黄色薄层粉砂质泥岩，上部为灰色、深灰色中厚层状的白云质灰岩，中部为泥质粉砂岩，下部为泥灰岩与灰岩互层，底部为灰黄色中厚层状的粉砂岩。

（3）石炭系（C）。

本区石炭系地层分布广，发育完整，为一套开阔台地相碳酸盐岩夹滨海沼泽相含煤碎屑岩，主要分布在通天庙穹隆北东和北西两翼及研究区的东南部，总厚度为 1195.09 ~

1665.97 m，可划分为 8 个岩组（段）：桂阳组（CDg），天鹅坪组（Ct），石磴子组上、下段（Cs^1、Cs^2），测水组（Cc），上头坳组（Csh^1、Csh^2）和船山组（Cch）。

桂阳组（CDg）：在研究区分布较广，露头良好，为一套开阔台地相的碳酸盐岩沉积，下部含泥质成分较高，夹有多层泥灰岩；中、上部含白云质成分较高，使灰岩轻度白云岩化，出现了白云质灰岩等岩石，近顶部见有两条白云质条带。

天鹅坪组（Ct）：出露良好，岩性岩相较稳定，为一套半局限台地相潮下静水环境沉积，主要为灰黄色至灰黑色薄–中厚层状泥灰岩、生物碎屑泥质灰岩、炭泥质灰岩、（粉砂质）页岩夹灰岩透镜体，以盛产海百合茎化石为其特征；厚度不大（11.76~36.7 m），与上、下岩性差异大，是很好的填图标志层。

石磴子组（Cs）：分布较广，出露完整，为一套开阔台地的碳酸盐岩沉积，产珊瑚化石，上段（Cs^2）主要为灰、深灰色、灰黑色中厚层状灰岩夹薄层泥质灰岩、泥灰岩，厚224.21~252.63 m；下段（Cs^1）为灰至深灰色中厚层状含燧石结核或条带灰岩，夹薄层泥质灰岩、泥灰岩，厚75.41~279.22 m。

测水组（Cc）：分布广泛，岩性为一套灰黄色薄至中厚层状砂岩、粉砂岩、泥岩夹黑色炭质与煤线，煤线宽20 cm，沿走向不稳定，煤质不好，无工业利用价值，局部含黄铁矿和菱铁矿结核，厚74.37~115.4 m。

上头坳组（Csh^1、Csh^2）：在区内出露较好，岩性、岩相较稳定，厚度变化不大，为一套半局限台地泻湖潮坪环境的白云岩沉积，上段主要为灰白色厚层状粗晶白云岩，厚354.19 m；下段为浅灰至深灰色厚层状细晶白云岩，厚163.99 m。

船山组（Cch）：分布广泛，露头良好，岩性、岩相、厚度变化不大，为一套开阔台地相灰岩沉积，含有大量晚石炭世常见的标准化石。

（4）二叠系（P）。

区内发育齐全，包含栖霞组（Pq）、当冲组（Pd）、滩洞组（Pt）、龙潭组（Pl）、大隆组（Pdl）和长兴组（Pc）等6个岩组。主要分布于通天庙穹隆北东和南东两翼。为一套海相碳酸盐岩、含煤碎屑岩及硅质岩沉积。

下统栖霞组（Pq）：为一套深灰色至黑色厚层状生物碎屑泥晶灰岩，局部夹白云岩透镜体或团块，普遍含有燧石结核及条带；厚度变化大，东厚西薄，厚34~88.7 m，富含化石。

当冲组（Pd）：本组上段为灰至灰黑色薄至中厚层状含铁锰质硅质岩；下段为深灰至灰黑色钙质页岩、泥灰岩，局部夹似层状或透镜体状灰岩，富含菊石、双壳类和腕足类化石，为一套较深海还原条件下台盆相沉积，是区内锰矿的主要含矿层位，厚26.7~56 m。

滩洞组（Pt）：本组为一套灰至灰黄色薄层状粉砂质页岩夹细粒石英砂岩，含有较多的植物化石，属泻湖潮坪相沉积或泥炭沼泽相沉积，厚237.9 m。

上统龙潭组（Pl）：分布在本区的东部，主要为一套中厚层状细粒石英砂岩、薄层粉砂质页岩，夹黑色炭质页岩，含多层煤及丰富的晚三叠世的植物化石，属泻湖潮坪与炭泥沼泽相沉积，厚129 m。

大隆组（Pdl）：分布于研究区的东北部，为向斜核部地层，主要为硅质岩、硅质灰岩，厚度大于163.3 m。

长兴组（Pc）：本组为一套生物碎屑细晶白云质灰岩、灰质白云岩、泥晶灰岩，属半局限潮台地沉积，与下伏龙潭组呈整合接触，厚度约248 m。

（5）白垩系（K）。

在本区的西南侧的小盆地中有零星分布，为陆相红色碎屑岩建造，与下伏地层呈角度不整合接触关系。研究区仅出露白垩系文明司组第一段（Kw^1），岩性主要为紫红色薄层粉砂质泥岩、泥质粉砂岩、粉砂岩、石英砂岩，厚度大于 161.12 m。

（6）第四系（Q）。

本区一直以缓慢上升运动为主，侵（剥）蚀作用为第四系沉积提供了物质来源。由于所处的地理位置和各个剥蚀源区的岩石不同，加之搬运距离有远有近，故第四系沉积物较复杂，有残积、坡积、山麓堆积之分，厚度小于 20 m。

3. 构造

由于多期次地质构造的强烈活动和叠加改造，本区地质构造十分复杂。总体来看，矿区构造以通天庙寒武系浅变质岩系为中心形成的穹隆构造为主体，主要断裂和褶皱带基本上围绕穹隆构造发生和发展，且明显控制着岩浆活动和矿化富集。

EW 向构造属于加里东构造运动的产物，主要见于通天庙穹隆中，其短轴背斜轴呈 EW 向，但由于后期断裂破坏，仅见其南翼地层呈 EW 向展布。穹隆内 EW 向断裂平行发育，在平行的断裂之间还有其派生的 NE 向和 NW 向断裂裂隙带发育。这些 EW 向断裂及其派生的断裂裂隙带是穹隆内重要的控岩控矿构造，塘官铺含锡花岗斑岩脉群及门头岭石英斑岩、花岗斑岩、煌斑岩脉均产于 EW 向断裂中。由于印支–燕山期继承性构造活动，在穹隆周边盖层中也见有 EW 向构造形迹，且具有较好的控岩控矿意义。在癞子岭花岗岩体东侧的含铌钽细晶岩脉，三岔路口花岗斑岩脉均产于 EW 向断裂中。

NE 向断裂是主要的控矿构造，包括通天庙穹隆北缘的 F_1（溪涧冲—门头岭断层）和通天庙穹隆南缘的 F_{101}（南风脚断层）断裂。F_1 断裂全长十余千米，NE 走向，SE 倾斜，倾角一般为 30°~40°，为张扭性断裂，在太平工区受 SN 向断层错动而使断裂东段向北移动。该断裂是香花岭区段导矿构造也是容矿构造，它控制着门头岭、塘官铺、太平、新风等锡、铅、锌矿床的空间分布，断裂本身及其派生的断裂裂隙是矿体赋存的部位。F_{101} 断裂全长 17 km，NE 走向，倾向 SE，为张扭性，局部呈压扭性，是香花铺区段的主要控矿构造，控制着泡金山、深坑里、茶山等矿床的空间展布，主断裂及其派生的次级断裂和裂隙是控制矿体产出的主要因素。

NW 向断裂规模较大的见于穹隆东、西两侧，其中控矿意义较大的是发育于穹隆东侧的 F_2 断裂。其走向 NW，倾向 NE，北段与 F_1 相交，南段与 F_{101} 交切，全长约 8 km。该断裂与 F_1 交会部位是癞子岭含锡花岗岩体侵位处，向南控制着铁砂坪、深坪、茶山等矿床的空间就位，矿化富集在断裂及其旁侧的裂隙带中。

由上可见，以通天庙穹隆构造为核心，在穹隆中以 EW 向断裂为主，围绕穹隆交叉发育 NE 向和 NW 向两组断裂，构成本区地质构造基本格架，控制了区内锡多金属矿床的空间分布，两组或多组成矿断裂交会处，一般是控岩控矿最有利部位，沿主断裂发育的帚状构造，控制着具体工业矿体的分布。

4. 岩浆岩

研究区内岩浆活动频繁，主要有癞子岭岩体（154~155 Ma）、尖峰岭岩体（160.7±2.2 Ma）和通天庙岩体出露，一般呈岩株及岩瘤状产出，其岩性主要为黑云母花岗岩，属燕山早期产物。此外区内还发现有含矿花岗斑岩岩脉。

侵入岩产状多样，既有深成相的岩基、岩株，亦有浅成相的岩株、岩墙，以及浅成-喷出相的岩墙、岩筒。侵入岩体岩石组成为：角闪石黑云母花岗岩、黑云母花岗岩、花岗斑岩、石英斑岩、闪长玢岩、安山岩、正长岩及正长斑岩。早期侵入岩主要为酸性、晚期过渡到中性、基性侵入岩及喷出岩。

（1）岩体的产状、规模、形态和岩石学特征。

癫子岭岩体：位于本区西北部位，沿两条断层交会部位侵入；长轴 NW 向，短轴 NE 向，呈椭圆形，出露面积 2.2 km²，岩体东面与 D_2q 地层、西面与 D_2t 地层呈侵入接触关系。

尖峰岭岩体：位于本区西南部，沿 F_{101} 与 F_{301} 等断层交会部位侵入，呈近三角形沿 F_{101} 走向展布；出露面积约 4.4 km²，东南部侵入到 D_2q 地层，西部侵入到 D_2t 组地层中。

通天庙岩体：位于本区的西部，香花岭矿田的核部；沿发育于寒武纪地层中的断层侵入，出露面积约 0.3 km²，呈椭圆形产出。

上述三个花岗岩体的接触面均向围岩倾斜，多处可见明显的顺层侵入，无论围岩是灰岩、白云岩，还是砂岩、石英砂岩其接触界线都清晰。三个岩体均为黑云母花岗岩，岩石呈浅灰-灰色，顶部及边缘形成暗褐-黄褐色云英岩和白色钠长石化花岗岩；主要有细粒结构、似斑状结构、细-中粒结构、局部可见中粒结构。前两者主要分布在岩体边缘，构成岩体的边缘相，后两者分布在岩体的内部，构成岩体的内部相。矿物成分主要为钾长石、斜长石、石英和少量黑云母。岩石在钠长石化后，常见较多的黄玉和萤石。

石英斑岩脉：超浅成侵入，呈 EW 走向，倾向 S，倾角 60°~80°，见有两条，一条侵入于癫子岭岩体的西端，沿走向长 4600 m，宽 10~30 m；另一条位于香花岭矿田的西部，沿走向长大于 1000 m，宽 10~20 m。两条岩脉均侵入到 D_2q 地层中。在接触带部位局部可见到铅锌矿化。石英斑岩呈浅灰-灰色，斑状结构，斑晶主要为石英（20%）、长石（20%）和黑云母（2%），斑晶大小为 3~4 mm，略呈圆形。基质为隐晶质，由石英（20%）、长石（33%）和少量黑云母组成。

花岗斑岩脉：超浅成侵入，呈 EW 走向，倾向 S，倾角 55°~70°，见有两条：一条花岗斑岩脉侵入于癫子岭岩体的西端，沿走向长 800 m，宽 10~18 m；另一条花岗斑岩脉位于塘官铺矿段的南部，沿走向长大于 1000 m，宽 10~20 m。两条岩脉的上部都赋存有斑岩型锡矿，其下盘接触处充填有锡石硫化物矿体。花岗斑岩具斑状结构，斑晶以石英和长石为主，有少量的白云母和黑云母，基质由细粒长石、石英和绢云母组成。石英斑晶含量为 10%~35%，为自形-半自形不规则粒状，粒径为 0.1~4 mm，双锥较发育，常被绢云母溶蚀成港湾状。长石斑晶含量 10%~30%，为正长石自形、半自形斑状晶，黑云母斑晶含量很少。

细晶岩脉：超浅成侵入，位于癫子岭岩体的东端，东部石英斑岩的北侧，与石英斑岩脉近于平行。两者相距约 600 m，呈 EW 走向，倾向 S，倾角 42°~78°；沿走向长 1770 m，宽 1.8~18 m。该岩脉的西端侵入到癫子岭岩体中，侵入围岩是 D_2q 组的白云岩。此岩脉富含铌钽，伴生有钨锡矿化。经地质勘探证实为细晶岩型铌钽矿脉。细晶岩呈白色糖粒状，细晶结构，块状构造，粒度为 0.15~0.4 mm，也有似斑状结构，斑晶主要为石英、钾长石，其次为钠长石、锂云母和黄玉。基质由长石、石英、锂云母和针状黄玉组成。该岩脉的两端普遍发育有云英岩化、钠长石化、黄玉化、伊利水云母化。东部全部蚀变为灰绿-淡紫色黏土岩。

闪斜煌斑岩：位于癞子岭岩体的东南侧，走向近 EW，倾向 148°，倾角 71°~87°；沿走向长 850 m，宽 1 m。岩脉侵入到泥盆系地层中，见少量星点状黄铁矿及团块状赤铁矿化。闪斜煌斑岩呈灰–灰黑色，斑状结构，块状构造。斑晶占 10% 左右，主要由角闪石和少量斜长石组成。基质含量约 90%，为隐晶质，主要由长柱状斜长石、全自形粒状角闪石和少量黑云母、绿泥石组成。

（2）侵入期次。

第一期次：黑云母花岗岩、中细粒黑云母花岗岩。癞子岭、尖峰岭、通天庙岩体，还有经钻探揭露的泡金山、深坪、塘官铺、三合圩等地的隐伏岩体，皆属于此期次。

第二期次：石英斑岩、花岗斑岩、细晶岩。

第三期次：闪斜煌斑岩。

（3）岩体的蚀变分带特征。

癞子岭和尖峰岭岩体的顶部及其周围发生了普遍的云英岩化和钠长石化，二者呈现出不同的垂直分带特征。

癞子岭岩体由顶部向深部大致可分为 4 个带：即云英岩化带、云英岩化花岗岩带、钠长石化花岗岩带和黑云母花岗岩带。尖峰岭岩体可划分为 7 个带：即云英岩化带、强云英岩化钠化钾化带、云英岩化钠化钾化带、弱云英岩化钠化钾化带、强钠化钾化带、钠化钾化带、钾化带。

各蚀变带之间无明显的界线，彼此相互过渡，局部有重叠现象。如钠长石化花岗岩带，除与常见的云英岩化叠加外，还有与岩浆期后气液蚀变作用所形成的高岭土化、叶腊石化、绢云母化、绿泥石化和萤石化叠加。其形成顺序大致为钠长石化→云英岩化→绢云母化→绿泥石化→叶蜡石、高岭土化。其中萤石化延续时间最长。

癞子岭云英岩化花岗岩中发育有钨、锡、铍、铌、钽矿（化）体，尖峰岭岩体的云英岩化花岗岩中赋存有特大型铌钽矿床和钨锡矿化。

花岗斑岩岩脉的上部是云英岩化、黄玉化、萤石化带，斑岩型锡矿体即赋存于此蚀变带中。

细晶岩岩脉的上部也是云英岩化、黄玉化、萤石化带，铌钽矿床即位于蚀变带中。

⊛ 六、1∶50000 成矿规律图与成矿预测图的编制

（一）成矿规律图与成矿预测图编制的一般程序

1. 明确成矿预测任务要求

1∶50000 成矿规律图和成矿预测图的编制直接服务于 1∶50000 的成矿预测，主要任务是圈定矿田边界，预测隐伏矿床可能的产出地段、范围、规模和类型，为普查找矿的靶区选择、工作设计和远景规划提供依据。

2. 全面收集资料

全面收集研究区的区域调查报告和图件，物化探、遥感、重砂测量等成果以及有关专著，并尽可能将成矿预测所必需的地层、构造、岩浆岩、矿床等各项地质资料加以系统整理，使之条理化和图表化（如编制研究程度图、构造图、岩相图、古地理图、矿产图等），为进一步研究成矿规律和成矿预测奠定基础。

3. 详细研究地质特征

详细研究区内代表性矿床的地质特征，总结成矿规律，建立成矿模式和综合找矿模型，编制成矿规律图和成矿预测图。

在进行上述工作后，即可综合分析地质资料，全面研究区域成矿规律，建立成矿模式（系指对一组相似矿床基本特征的系统整理），编制相应的成矿规律图，然后根据已掌握的规律或模式，确定预测的准则，以成矿规律图为底图，突出各种控矿因素和矿化信息，编制成矿预测图，圈定矿产预测区，并划分远景级别，以反映预测的可靠程度。

（二）成矿规律图与成矿预测图编制的基本内容

1. 成矿规律图的编制

成矿预测的中心环节是成矿规律的研究，只有掌握规律，才能对接下来的远景预测区进行科学评价以指导地质勘查工作。因此加强成矿分析，编好成矿规律图意义重大。

（1）编图目的。

编图的最终结果是要达到"阐明成矿规律，预测找矿方向"的目的。所谓"成矿规律"，就是不仅要正确反映出控制矿产生成的主、次要因素，还要反映出：①在同一地质时期内，不同空间的成矿特征及其横向变化规律；②在同一空间位置中，不同地质时期的成矿特征及其纵向演化规律。

（2）底图选择。

寻找不同类型的矿产需要编制不同内容专业底图和选用不同的表示方法。内生矿床的成矿控制因素主要为岩浆活动、构造及围岩的岩性等，因而一般以侵入岩浆岩构造图作为成矿规律的底图；外生矿床通常用岩相古地理图、沉积建造古构造图为底图；变质矿床可选择用变质建造构造图作为底图。本次实习以香花岭地区岩浆岩构造图（1∶50000）作为成矿规律图的底图。

（3）编图比例尺。

编图的比例尺不同，图件的用途和内容的详细程度也有所不同。其中大比例尺（1∶2500~1∶50000）多作为研究矿区和矿田成矿规律时使用，其目的是直接扩大矿区找矿远景，根据已知矿床的特点寻找新的矿床和矿体。所以它是在矿区外围普查、详查阶段和1∶50000 区调研究成矿规律时经常采用的编图比例尺。它所反映的内容是直接控制成矿的各种地质因素、已知矿床（点）特征和各种具体的找矿标志。

（4）图面内容。

包括控制成矿的各种主要地质因素（地层、构造、岩浆岩等）、矿床（点），有关矿化蚀变等现象，以及重要的物化探异常和重砂异常分布等。

成矿规律图的中心环节是进行"成矿分析"，在成矿规律编图过程中，最重要的环节是把与成矿有关的地质、遥感、物化探、重砂、蚀变矿化等信息进行全面分析研究，找出互相之间的内在联系，从而认识并总结出矿产形成和分布的客观规律以指导地质勘查。

（5）区域成矿规律与矿化信息的综合分析。

在综合有关基础图件、辅助图件的资料（如地质图、构造图、岩相古地理图、矿产图等）和编图的基础上，深入分析本区整个地质历史过程中的沉积作用、岩浆活动及构造变动等与成矿的关系；了解整个地区地质发展各个阶段中的成矿特征；了解不同地段主要成矿控制因素；并选择比较典型的矿床（矿点）进行重点分析，总结其成矿控制因素及找矿标志，以了解与掌握各个成矿单元中各种矿产的形成规律及成矿的特点。

成矿规律图应根据区域矿化作用的特征，按不同矿种分别编制或综合编制。应编写与成矿规律图相对应的文字说明书，简要叙述研究区成矿规律及区内各成矿带、矿田的成矿特征及划分的依据、典型矿床的例证等。

2. 成矿预测图的编制

成矿预测图是联系成矿规律研究和找矿实践的桥梁。

成矿预测图的编制方法主要有两种：一种是当成矿规律图的图面负担不重时，可以在成矿规律图上直接划分和表示不同级别、不同矿种的预测区；另一种是当成矿规律图的图面负担已经比较重时，需要单独编制成矿预测图。

成矿预测图使用简化的地理底图，底图上主要表示坐标、主要水系、主要交通线和主要城镇，其中预测区范围内的水系、交通线和居民区，都要适当详细一些，并要表示出预测区名称中的地名。在地理底图中绘制不同类别和不同矿种的预测区。划分预测区的主要依据为：

1）对成矿的有利条件，如隐伏岩体、赋矿地层、矿源层、控矿构造等。

2）已知矿床（点）、矿化点的富集程度、分布范围和成矿特征。

3）已有的直接找矿标志和分布范围，如重磁、化探、遥感、自然重砂等异常特征，面状或线状的重要围岩蚀变区和古矿硐、古采坑、古矿渣等采矿遗迹分布区。

4）已有的地质条件和综合找矿信息与区域成矿模式及找矿模型的类比。

5）工作区内工作程度的高低。一般来说，工作程度很高的地区找矿难度大，只有应用新的成矿理论和新的技术方法才有可能获得新的突破。而在工作程度较低的地区却相对比较容易发现新的矿产地。

根据上述五条主要依据，按成矿远景的大小将预测区分为三类，其中成矿条件最好、矿化作用最强、理论找矿依据最充分、找矿标志最明显，而工作程度相对较低的地区，是最有远景的 A 类预测区；某些条件稍差者为较有远景的 B 类预测区；仅具有其中某一两项条件者为可能有远景的 C 类预测区。在图上要用不同的线画圈绘出不同的预测区（参考国标图例符号）。

在成矿规律图的基础上，可进行矿产预测，指出成矿远景区。显然，所研究的区域并不是全部都有远景，必须根据控矿因素、矿化信息和成矿规律深入分析，确定其中最有远景的某些成矿单元或其中的局部地段，并将这些地段按远景大小圈定不同类别的预测区。

（1）底图的选择。

通常以成矿规律图为底图，或以画有坐标网和水系的透明纸盖在成矿规律图上进行分析。

（2）图面内容。

一般包括含矿岩系或有利成矿岩层；成因上或空间上与矿产有关的侵入体；控制成矿的构造（如断层、不整合、接触带等）；已知矿床（矿点）成矿特征及矿化信息；成矿单元及预测区。

（3）预测区圈定的依据。

一般根据矿床（矿点）的分布情况、与矿化有关的侵入岩、构造层的含矿性、控矿构造进行分析；还可以根据重砂、物化探及遥感资料，有利矿化的地层（岩性）的分布情况，围岩蚀变资料，矿床共生和矿化带特征等综合分析圈定成矿预测区。

（4）成矿预测区类别划分。

各种矿产的预测区都要根据地质条件有利程度，已知含矿情况（矿床及矿点的工业意义、工业类型等）和矿化信息的可靠性等来划分预测区的类别。预测区按其成矿有利程度等准则一般划分为三类，可参照附表2-4：

A类预测区是指成矿条件十分有利，预测依据充分，矿化明显，找矿潜力大，埋藏在可采深度范围以内，勘查经济效果好，预测区内已有大中型工业矿床，具有发现大中型矿床可能性的远景区，是矿产普查工作的首选区。

B类预测区是指成矿条件有利，有预测依据，矿化明显，找矿潜力较大，预测区内已有中小型工业矿床、矿点、矿化点，具有较好发现矿床可能性的远景区。

C类预测区是指具有成矿条件，有较好的物化探异常，已有矿点、矿化点或蚀变等找矿线索，具有发现矿床可能性的远景区。

（5）用矩形或多边形圈定各成矿预测区的范围。

（6）对预测区进行命名和标注，预测区以"地名+类别+矿种"的方式命名，如癞子岭A类锡铅锌预测靶区、塘官铺B类钨锡多金属预测靶区等。

在图件完成之后，需编写文字说明书，主要论述各预测区的圈定依据、远景评价和进一步工作的建议。

🔵 七、附表及附图

附表2-1 香花岭地区锡矿床（点）特征简表；
附表2-2 香花岭地区钨锡多金属矿床（点）特征简表；
附表2-3 香花岭地区铅锌、铅锌多金属矿床（点）特征简表；
附表2-4 成矿预测区分类准则；
附图2-1 香花岭地区地质及矿产分布图（1:50000）（见云盘）；
附图2-2 香花岭地区物化探、重砂、遥感和放射性测量综合成果图（1:50000）（见云盘）。

附表 2-1　香花岭地区锡矿床(点)特征简表

图上编号	矿产地名称	矿床(点)地质特征	规模	工作程度历史评价
3*	临武县甘溪坪砂锡矿	位于香花岭短轴背斜北倾伏端,砂层呈似层状赋存于第四系橘子洲组河床、河谷冲积层中。最大厚度 61 m。上游平均厚 20.3 m,中游厚 56.7 m,下游平均厚 23.9 m。矿层延伸长 3 km,平均宽 360 m。主砂层宽 470 m,面积 1.08 km²,主要矿物有锡石、白钨矿、黑钨矿等,Sn 最高品位为 1.08%,平均为 0.052%,属洪积–冲积型	中型	详查,具较大工业意义
19	临武县砂子岭锡矿	位于香花岭短轴背斜北倾伏端,癞子岭岩体西接触带,含矿地层为泥盆系跳马涧组(Dt)砂岩,矿体呈脉状,透镜状,赋存于北东向断裂中,长约 200 m,厚约 0.5 m。主要金属矿物为锡石,少见方铅矿、闪锌矿,属于高温热液型	矿点	踏勘,无工业价值
21	临武县癞子岭西锡矿	位于香花岭短轴背斜北倾伏端,癞子岭岩体外接触带,含矿地层为泥盆系跳马涧组(Dt)砂岩,矿体呈似层状、透镜状产出,走向长 200 余 m,宽 0.5~3 m。主要金属矿物为锡石、次为方铅矿、闪锌矿、黑钨矿等。品位:Sn 0.421%、WO₃ 0.03%、Pb 0.21%、Zn 0.52%,属于高中温热液型	矿点	无进一步工作价值
22*	临武县癞子岭锡矿	位于香花岭短轴背斜北东翼,癞子岭细粒花岗岩体内接触带,受北东向断裂控制。矿体呈皮壳状、不规则状产于岩体顶部细脉中。金属矿物有锡石、黑钨矿,Sn 品位为 0.1%~0.2%,属高温热液型	矿点	规模小、品位低、无工业意义
25	临武县癞子岭西锡矿	位于香花岭短轴背斜北倾伏端,癞子岭岩体外接触带,含矿地层为泥盆系源口组(Dy)紫红色石英砂岩、页岩。矿体受 NE 向断裂破碎带控制,呈脉状、透镜状。长度大于 200 m,厚 0.1~1 m。主要金属矿物为锡石、少见方铅矿、闪锌矿。品位:Sn 0.31%、WO₃ 0.02%、Pb 0.03%、Zn 0.022%,属高温热液型	矿点	踏勘,规模小,无工业意义
28	临武县癞子岭西锡矿	位于香花岭短轴背斜北倾伏端,癞子岭岩体外接触带,含矿地层为泥盆系跳马涧组(Dt)砂岩,矿体呈脉状、鸡窝状产于 NW 向 330° 破碎带中,长 100 m,厚 1 m。主要金属矿物为锡石、少见毒砂、黄铁矿。品位:Sn 0.188%、Pb 0.05%、Zn 0.028%、Cu 0.067%,属于高温热液型	矿化点	踏勘,规模小,无工业意义
35*	临武县铁砂坪锡矿床	位于香花岭短轴背斜北东翼,癞子岭岩体外接触带,含矿地层为跳马涧组(Dt)砂岩,黄公塘组(Dh)白云岩,北西向断裂为导矿构造,断裂破碎带及层间剥离构造为控矿构造。矿体呈似层状、透镜状赋存于断裂带中,产状与断裂一致,倾向 30°~60°,倾角 30°。主矿体长 1300 m,延深 400 m,厚 0.62~3.09 m,平均 1.85 m。品位:Sn 0.77~3.85%,平均 0.82%;BeO 0.02~0.2%,属接触交代型	中型	详查,具有较大工业意义

续附表2-1

图上编号	矿产地名称	矿床(点)地质特征	规模	工作程度历史评价
39	临武县深坪砂锡矿	位于香花岭短轴背斜北东翼,含矿层为第四系冲积层,矿床位于河流内湾,呈带状从 NW 向 SE 延伸,长 820 m,宽 170~250 m,厚 14 m,面积 0.15 km²,主要金属矿物为锡石。品位:Sn 0.022%~0.11%,平均 0.053%,属于冲积型砂矿	矿点	详细普查,规模小,工业意义不大
41	临武县五里山锡矿	位于香花岭短轴背斜北东翼,寒武系塔山群第一段(∈T¹)砂板岩与泥盆纪源口组(Dy)砂岩界面。矿体呈脉状、透镜状赋存于 NE 向断裂破碎带中,长约 150 m,厚 1~2 m。产状 330°∠60°。主要金属矿物为锡石,次为方铅矿、闪锌矿。品位:Sn 0.494%、Pb 0.4%、Zn 0.296%,属于高中温热液裂隙充填型	矿点	踏勘,无工作价值
42	临武县铁砂坪锡矿点	位于香花岭短轴背斜东翼,含矿地层为跳马涧组(Dt)砂岩、页岩,矿体呈细脉状、不规则状赋存于北东向断裂破碎带中,长度大于 200 m,厚约 1 m。主要金属矿物为锡石,少量方铅矿、铁闪锌矿等。品位:Sn 0.419%、Pb 0.03%、Zn 0.023%,属高中温热液石英细脉型	矿点	踏勘,规模小,无工业意义
90*	临武县包金山锡矿点	位于香花岭短轴背斜南倾伏端,尖峰岭岩体接触带,含矿地层为泥盆纪黄公塘组(Dh)白云岩。矿体呈似层状、赋存于 NE 向断裂破碎带中,倾向 SE,倾角 25°~35°,长数十米,厚 2~5 m。品位:Sn 1%~4%,平均 2.7%,属高温热液裂隙充填型	矿点	普查,有一定的工业价值
94-2*	临武县包金山锡矿床	位于香花岭短轴背斜南倾伏端,包金山铅锌矿床的下部,为其共生矿床,含矿地层为黄公塘组(Dh)白云岩。围岩蚀变有矽卡岩化、绿泥石化、碳酸盐化、萤石化。矿体呈似层状,赋存于北东向断裂上盘的白云岩中,倾向 SE,倾角 25°~67°,锡石硫化物矿体长 450 m,厚 1~5 m,平均厚 3 m。金属矿物以锡石为主,次为黄铁矿、锡石硫化物,属接触交代矽卡岩型	中型	1988 年转入正式勘探
100*	临武县五里堆砂(钨)锡矿	位于香花岭短轴背斜东翼,含矿地层为第四系冲积层。矿体呈带状,南北长 3300 m,宽 200~300 m,最大厚度大于 40 m。主要矿物有锡石、黑钨矿、白钨矿、磷灰石、菱铁矿、毒砂、闪锌矿、钛铁矿和刚玉。平均品位:Sn 0.0786%~0.301%、WO₃ 0.0165%,属洪积-冲积型砂(钨)锡矿	中型	1960 年勘探
105*	临武县葡萄湾砂(钨)锡矿	位于香花岭短轴背斜东南倾伏端,含矿地层为第四系冲积-洪积层。矿体呈似层状产于河谷中,北部长 2300 m,宽 120~470 m;南部长 5000 m,宽 270~500 m。厚度 EW 向变化较小,平均厚 9.6 m,南北方向变化较大,北部薄,一般厚 6 m,南部一般厚 8~12 m,最大厚 24.5 m。含矿面积 2.7 km²,圈定矿体面积 1.85 km²。品位:Sn 0.013%~0.03%,平均为 0.019%;WO₃ 0.015%~0.025%,平均为 0.017%,属于冲积-洪积型	中型	1959 年勘探,品位低,为表外储量

附表2-2　香花岭地区钨锡多金属矿床(点)特征简表

图上编号	矿产地名称	矿床(点)地质特征	规模	工作程度历史评价
17	临武县沙子岭钨锡多金属矿	位于香花岭背斜(以下简称背斜)北倾伏端的寒武系塔山群第一段(ϵT^1)砂板岩与泥盆系跳马涧组(Dt)砂岩之间。矿体受控于塘官铺—田腿 NE 向张扭性断裂及次级断裂，呈不规则透镜状、脉状产出，长数十至近百米，厚 0.8~1.5 m，产状155°∠58°。黑钨矿、锡石、方铅矿、闪锌矿常呈细脉斑点状产出，脉石矿物为石英。品位：WO_3 0.31%、Sn 0.29%、Pb 1.01%、Zn 0.34%、Ag 30.96 g/t。属于高中温热液裂隙充填型	矿点	区调踏勘，可进一步工作
40	临武县砂子岭锡矿	位于香花岭短轴背斜北倾伏端，癞子岭岩体西接触带，含矿地层为泥盆系跳马涧组(Dt)砂岩，矿体呈脉状，透镜状，赋存于 NE 向断裂中，长约 200 m，厚约 0.5 m。主要金属矿物为锡石，少见方铅矿、闪锌矿，属于高温热液型	矿点	踏勘，无工业价值
43	临武县通天庙钨锡矿	位于香花岭背斜核部南极岭岩体接触带外带。含矿地层为塔山群第一段(ϵT^1)砂板岩。矿体受 NW 向小断裂控制。破碎带宽 0.3~0.6 m，长 100~300 m，产状240°∠50°，呈脉状、透镜状产于小断裂中。矿石矿物有锡石、黑钨矿、方铅矿，呈星点状、细脉状、团块状，脉石矿物主要为锂云母和石英。品位(光谱定量)：W $100×10^{-6}$、Sn $50000×10^{-6}$、Zn $150×10^{-6}$。属于高中温热液裂隙充填型	矿点	经踏勘，工业价值不大
52	临武县田子头钨锡矿	位于香花岭背斜通天庙岩体南西接触带外带。含矿地层为塔山群第二段(ϵT^2)砂板岩。岩石已角岩化和硅化。矿体受 NWW 向和 NNW 向两组小断裂控制。破碎带长 300~500 m，宽 0.3~0.5 m。矿体呈不规则的脉状、透镜状赋存于破碎带中。黑钨矿、锡石、方铅矿、闪锌矿呈细脉状、星点状、团块状产出。品位(光谱定量)：W $10000×10^{-6}$、Sn $5000×10^{-6}$、Pb $2000×10^{-6}$、Zn $10000×10^{-6}$。属于高中温热液破碎带充填型	矿点	经踏勘，工业价值不大
73*	临武县大龙山钨锡矿	位于香花岭背斜大龙山岩体北西约 1 km 处。含矿地层为塔山群第三段(ϵT^3)砂板岩，岩石普遍角岩化。矿体受控于 NW—NNW 向构造。发现含矿石英脉130条，脉长 100~300 m，最长可达 600~700 m，脉幅 0.1~1 m。矿石具浸染状、角砾状、脉状构造。矿石矿物主要有黑钨矿、锡石、方铅矿、闪锌矿、辉锑矿。脉石矿物石英、长石、重晶石。品位：WO_3 0.31%、Sn 2.5%~2.53%，属高中温热液裂隙充填型	小型	1958 年提交《湖南宜章大龙山钨锡矿初查勘探报告》
77	临武县大冬瓜冲钨锡矿	位于香花岭背斜核部，尖峰岭岩体北侧。含矿地层为塔山群第三段(ϵT^3)砂板岩。岩石普遍硅化、角岩化、黄铁矿化。矿体受控于 NE 向小断裂，呈脉状、透镜状产出，长约 100 m，宽约 0.6 m，延深大于 30 m，产状330°∠58°。黑钨矿、锡石、方铅矿、闪锌矿呈星点状、细脉状产出。品位：WO_3 0.304%、Sn 1.45%，属高中温热液破碎带充填型	矿点	1:50000 区调发现，经踏勘，无进一步工作价值

续附表2-2

图上编号	矿产地名称	矿床(点)地质特征	规模	工作程度历史评价
78	临武县黄沙坪钨锡矿	位于香花岭背斜南东翼燕山期尖峰岭复式岩体中的癞子岭单元，矿体受岩体接触内带 NEE 向断裂控制。矿体呈不规则的透镜体产出。长几十米，宽 1~2 m，产状 120°∠12°。黑钨矿、锡石、闪锌矿呈星散状、细脉状产出。品位：WO_3 0.09%、Sn 1.45%、Pb 0.03%、Zn 0.03%，属高温热液裂隙充填型	矿化点	1：50000 区调发现，经踏勘，无进一步工作价值
79-2	临武县瑶山里钨锡矿	位于香花岭背斜核部大龙山北东接触带外带。含矿地层为塔山群第三段(ϵT^3)砂板岩。矿体受 NE、NW 向小构造控制。矿体呈脉状产出。产状：50°∠30°~65°。见 7 条石英脉，长 80~350 m，宽 0.3~0.6 m。黑钨矿、锡石呈细脉状、团块状产出。品位：WO_3 30.5%、Sn 0.494%、Pb 0.03%、Zn 0.03%，属高中温热液石英脉型	矿点	1：50000 区调发现，经踏勘，有进一步工作价值
81**	临武县烂层角钨锡多金属矿	位于香花岭背斜近核部燕山期尖峰岭复式岩体中的癞子岭单元接触带外带。含矿地层为泥盆系源口组(Dy)砂岩。矿体受控于包金山—茶山 NE 向张扭性断裂及次级断裂，呈透镜状赋存于破碎带中，长 500 m，厚 1~2 m，产状 135°∠58°。锡石、黑钨矿、白钨矿、方铅矿、闪锌矿等呈细脉状、斑块状出现。品位：WO_3 0.26%、Sn 2.4%、Cu 0.178%、Pb 0.03%、Zn 0.63%，属高中温热液破碎带裂隙充填型	小型	1：50000 区调发现，经检查，具一定的工业价值
87*	临武县尖峰岭钨锡矿	位于香花岭背斜南东翼尖峰岭复式岩体中。含矿围岩为中细粒钠长石化铁锂云母二长花岗岩。矿体受控于 NW 向和 NNW 向两组小断裂，见含钨石英脉 39 条，脉长 70~270 m，最长 440 m，脉幅 0.04~0.32 m。矿石具不等粒结构，细脉状、团块状构造。有用矿物有黑钨矿、锡石、方铅矿和闪锌矿。品位 WO_3 0.4%、Sn 0.45%，属高中温热液破碎带裂隙充填型	矿点	《湖南省临武县南凰脚尖峰岭锡矿区地质预查报告》
88**	临武县鹅公岭钨锡矿	位于香花岭背斜南东翼，尖峰岭花岗岩体接触带外带。含矿地层为石炭系石磴子组下段(Cs^1)灰岩，岩石普遍矽卡岩化、大理岩化。矿体主要受控于 NE、NNE 向小断裂，呈透镜状、囊状产出，断续长约 700 m，厚数米至数十米不等。矿石具粒状结构、块状、角砾状构造。有用矿物有白钨矿、方铅矿、闪锌矿、萤石等。品位：WO_3 2.09%、Sn 1.92%、Pb 0.10%、Zn 0.21%，属高温热液交代充填型	小型	1：50000 区调发现，检查评价，有进一步工作价值
84	临武县被头冠钨锡多金属矿	位于香花岭背斜核部，尖峰岭岩体西侧 1.5 km 处。含矿围岩为塔山群第四段(ϵT^4)杂砂岩、粉砂质板岩。矿体呈脉状、透镜状赋存于 SN 向断裂中。长 200 余 m，厚 0.2~0.5 m，产状：130°∠87°。金属矿物有锡石、辉铜矿、方铅矿和黑钨矿，呈星点状、细脉状产出。品位：WO_3 0.02%、Sn 0.087%、Pb 0.02%、Zn 0.027%，属高中温热液裂隙充填型	矿化点	1：50000 区调发现，经踏勘，无进一步工作价值

附表 2-3　香花岭地区铅锌、铅锌多金属矿床(点)特征简表

图上编号	矿产地名称	矿床(点)地质特征	规模	工作程度历史评价
2	临武县羊古脑铅锌矿	位于香花岭短轴背斜北倾伏端，含矿地层为泥盆系黄公塘组(Dh)白云岩，矿化体呈透镜状、不规则状赋存于 NEE 向断裂破碎带中。长 100～150 m，宽 0.5～1.5 m，产状 335°∠65°。主要有用矿物为方铅矿、闪锌矿，为中低温热液裂隙充填型	矿化点	经踏勘，无进一步工作价值
4*	临武县甘化坪铅锌矿	位于香花岭短轴背斜北倾伏端，含矿地层为黄公塘组(Dh)白云岩，矿化呈 NWW 向延伸，长 460 m，最宽 150 m，面积 50000 m²。矿体呈细脉状产于白云岩中，走向 NW 或 NE，倾角大于 65°，常在两组节理相交处形成较富矿体，属高中温热液裂隙充填交代型	矿点	1958 年普查，矿化面积大，有进一步工作价值
5	临武县牛栏江铅锌矿	位于香花岭短轴背斜北倾伏端，含矿地层为泥盆系跳马涧组(Dt)砂岩，矿化受 NE—SW 向断裂控制，规模较大，最宽处 15 m。矿化体呈层状、似层状产于裂隙中，矿化长大于 100 m，单脉厚 0.5～2 cm。主要金属矿物为闪锌矿、方铅矿、黄铁矿。品位：Pb 0.09%、Sn 0.04%，属中低温热液裂隙充填型	矿化点	经踏勘，无工作价值
6	临武县勾竹山钨锡矿	位于香花岭短轴背斜北倾伏端，含矿地层为泥盆系跳马涧组(Dt)砂岩，矿化受 EW 向断裂控制，矿体呈细脉状产出。矿化带长近 100 m，宽 0.5～1 m，产状 340°∠60°。主要有用矿物为闪锌矿、方铅矿。品位：Pb 0.43%、Zn 4.11%、Sn 0.039%、Cu 0.008%、Mn 11.98%、Ag 20.35 g/t，属中温热液裂隙充填型	矿点	经踏勘，规模小，无工作价值
7	临武县八听银铅锌矿	位于香花岭短轴背斜北倾伏端，含矿地层为泥盆系跳马涧组(Dt)砂岩。矿体呈透镜状、细脉状产于 NW 向断裂破碎带中，长近 100 m，厚 0.1～0.5 m。主要矿物有方铅矿、闪锌矿、黄铁矿。品位：Pb 6.36%、Zn 11.18%、Sn 0.018%、Cu 0.052%、Ag 93.75 g/t，属中温热液裂隙充填型	矿点	经踏勘，规模小，无工作价值
9	临武县黑山里铅锌矿	位于香花岭背斜北东翼。含矿地层为泥盆系跳马涧组(Dt)砂岩。矿化体呈不规则状、透镜状赋存于北东向断裂破碎带中，长 120 m，厚 0.4 m。主要矿石矿物为方铅矿、闪锌矿。品位：Pb 0.26%、Zn 0.54%、Sn 0.009%，属中低温热液裂隙充填型	矿化点	经踏勘，规模小，无工作价值
10	临武县黄堡塘铅锌矿	位于香花岭短轴背斜北东翼，含矿地层为泥盆系锡矿山组(Dx)白云质灰岩。矿体呈透镜状、脉状产于 NW 向破碎带中，长 730 m，厚 1 m。产状 200°∠50°。主要矿物为方铅矿、闪锌矿。品位：Pb 0.23%、Zn 0.162%、Sn 0.026%、Cu 0.005%，属中温热液型	矿化点	经踏勘，规模小，无工作价值
13	临武县黄堡塘铅锌矿	位于香花岭短轴背斜北东翼，含矿地层为第四系。矿体呈鸡窝状、团块状产于第四系残坡积红土中，含矿性不稳定，无一定规律，为一铁帽。品位：TFe 61.5%、Pb 0.75%、Zn 1.14%、Sn 0.224%、Cu 0.029%，属风化淋滤型	矿点	经踏勘，具有寻找原生矿的指导意义

续附表2-3

图上编号	矿产地名称	矿床(点)地质特征	规模	工作程度历史评价
16	临武县跌死水南铅锌矿	矿点位于香花岭短轴背斜北倾伏端,含矿地层为寒武系塔山群第一段(ϵT^1)砂板岩和泥盆系跳马涧组(Dt)砂岩。矿体受 NW 向塘官铺—田腿张扭性大断裂及次级小裂隙控制,呈透镜状产出。长大于 100 m,宽 0.4~1.5 m,产状 175° ∠65°。品位:Pb 3.82%~25.32%、Zn 1.97%~7.07%、Sn 0.835%~7.422%、Ag 83.26~95.74 g/t,属高中温热液裂隙充填型	矿点	1989 年踏勘,品位高,可为民间开采
23	临武县棕叶山钨铅锌多金属矿(1)	矿点位于香花岭短轴背斜北倾伏端。含矿地层主要为泥盆系跳马涧组(Dt)砂岩。矿体呈不规则状、透镜状、细脉状、脉带状赋存于 NE 向塘官铺—田腿张扭性大断裂中,长 200 余 m,厚 0.2~0.3 m,产状 150° ∠40°。主要矿物为黑钨矿、锡石、方铅矿、闪锌矿。品位:WO_3 2.14%、Sn 0.254%、Pb 0.52%、Zn 3.87%,属高中温热液裂隙充填型	矿点	1987 年踏勘,品位较高,可为民间开采
24	临武县棕叶山钨铅锌多金属矿(2)	位于香花岭短轴背斜北倾伏端,含矿地层为泥盆系跳马涧组(Dt)砂岩,矿体呈透镜状、脉状赋存于 SN 向及 EW 向断裂中,长度大于 300 m,厚 1~2 m。品位:WO_3 0.06%、Sn 0.738%、Pb 5.44%、Zn 3.00%、Cu 0.056%,属高中温热液裂隙充填型	矿点	1987 年踏勘,品位较高,可供地方开采
27	临武县塘官铺铅锌矿	位于香花岭短轴背斜北倾伏端,含矿地层为寒武系塔山群第一段(ϵT^1)砂板岩,矿体呈不规则的透镜状、脉状赋存于破碎带中,矿化体长大于 100 m,厚约 0.4 m,品位(光谱):Pb 20000×10^{-6}、Zn 10000×10^{-6}、Sn 500×10^{-6},属中低温热液裂隙充填型	矿化点	经踏勘,规模小,品位低,无工作价值
29-2**	临武县三十六湾铅锌矿	矿区位于香花岭短轴背斜北倾伏端,塘官铺—田腿张扭性断裂南西段南侧约 1 km 处,东距癞子岭岩体约 3 km。区内出露地层主要为泥盆系源口组(Dy)紫红色砂岩与跳马涧组(Dt)浅色石英砂岩夹砂页岩。矿床主要受控于断裂构造和花岗斑岩脉,共圈出了 16 个工业矿体。据矿床地质特征及受控因素将其划分为花岗斑岩脉型与破碎带型两种类型。矿石矿物主要为锡石、黑钨矿、方铅矿、闪锌矿,次为黄铜矿,辉锑矿和银砷黝铜矿、深红银矿、辉银矿等独立银矿物。脉石矿物主要有石英、萤石、方解石和长石。矿床成因类型为高中温热液裂隙充填和交代型	中型	勘探,该矿品位富、规模大、矿石质量好、埋藏浅、易采,具较大工业价值
34	临武县架支坪铅锌矿	位于香花岭背斜北倾伏端,含矿地层为黄公塘组(Dh)。矿体呈脉状、透镜状赋存于 NEE 向小断裂中,单个矿体长数米至数十米,厚 0.2~0.8 m。品位:Pb 4.42%、Zn 0.37%、WO_3 0.02%,属高中温热液裂隙充填型	矿点	经踏勘,规模小,成矿条件有利,可进一步工作
36*	临武县铁砂坪锡铅锌多金属矿	位于香花岭短轴背斜的东翼,含矿地层主要为跳马涧组(Dt)砂岩,黄公塘组(Dh)白云岩,矿体主要受 NE 和 NW 两组断裂控制。呈不规则的脉状、似层状、管状等产出,锡石赋存于 Dt 层位,铅锌赋存于 Dh 层位。品位:Pb 0.36%~2.47%、Zn 0.1%~5.6%、Sn 0.04%~0.08%,属高中温热液裂隙充填型	小型	1985 年初勘,有一定工业价值

续附表2-3

图上编号	矿产地名称	矿床(点)地质特征	规模	工作程度历史评价
37*	临武县南极岭钨铅锌矿	矿点位于香花岭短轴背斜北倾伏端,南极岭岩体南接触带外带。含矿地层为寒武纪塔山群第一段(ϵT^1)砂板岩。NW 向断裂为控矿构造,区内有 40 余条含矿石英脉,走向 NW,断续长 100~200 m,厚 0.2~0.5 m。品位:WO$_3$ 0.5%、Pb 0.85%~4.65%、Zn 0.5%~3.85%,属高温热液裂隙充填型	矿点	1989 年矿点检查,品位较高,可供民间开采
38	临武县南极岭锡铅锌矿	矿点位于香花岭短轴背斜北倾伏端,南极岭岩体南接触带外带。含矿地层为寒武纪塔山群第一段(ϵT^1)砂板岩。矿体主要受 NNW 向断裂控制,呈脉状、透镜状产出,长大于 80 m,厚 0.3~0.6 m。矿石矿物主要有锡石、方铅矿、闪锌矿。品位(光谱):Pb 50000×10^{-6}、Zn 1000×10^{-6}、Sn 300×10^{-6},属中温热液裂隙充填型	矿点	1989 年踏勘,工业意义不大
46	临武县深坪锡铅锌多金属矿	位于香花岭短轴背斜东翼,含矿地层为黄公塘组(Dh)白云岩。矿体呈脉状、不规则透镜状赋存于 NNE 向及 EW 向断裂中,长大于 200 m,厚 0.2~0.9 m。主要矿石矿物为锡石、方铅矿、闪锌矿。品位:Sn 2.875%、Pb 8.93%、Zn 3.34%,属高中温热液破碎带裂隙充填型	矿点	1987 年踏勘,品位较高,可供地方开采
47	临武县通天庙南铅矿	位于香花岭短轴背斜核部,通天庙岩体外接触带,含矿地层为寒武系塔山群第一段(ϵT^1)砂板岩。矿化体呈脉状赋存于北东向断裂中,长约 300 m,厚 0.2~0.3 m。品位(光谱):Pb 1500×10^{-6}、Zn 50×10^{-6}、Sn 30×10^{-6},属高中温热液裂隙充填型	矿化点	1987 年经踏勘,规模小,品位低,无工作价值
49	临武县田子头铅锌矿	位于香花岭短轴背斜核部,通天庙岩体外接触带,含矿地层为寒武系塔山群第二段(ϵT^2)砂岩。矿化体呈透镜状赋存于北东向断裂破碎带中,长约 200 m,厚 0.5 m。产状 155°∠65°。品位(光谱):Pb 5000×10^{-6}、Zn 500×10^{-6},属中低温热液石英脉型	矿化点	1987 年经踏勘,无工作意义
54-2*	临武县大坪江铅锌矿	位于香花岭短轴背斜核部,通天庙岩体外接触带,含矿地层为寒武系塔山群第二段(ϵT^2)砂岩。矿体呈脉状、透镜状赋存于 NW 向断裂中,长 300~315 m,厚 0.1~0.7 m,延深 170~210 m。主要矿石矿物有方铅矿、闪锌矿和黑钨矿。品位:Pb 0.3%~1.29%、Zn 1.09%~2.45%,属高中温热液石英脉型	矿点	踏勘,成矿条件有利,可进一步工作
57	临武县木心奎铅锌多金属矿	位于香花岭短轴背斜核部,含矿地层为寒武系塔山群第二段(ϵT^2)砂岩。矿体呈脉状、透镜状赋存于 NW 向断裂中,长度大于 200 m,厚 0.5~3 m,产状 130°∠57°。矿石矿物主要有方铅矿、闪锌矿、黑钨矿。品位:WO$_3$ 0.94%、Cu 1.6%、Pb 3.98%、Zn 2.55%、Ag 31.25 g/t、Au 1 g/t,属高中温石英脉型	矿化点	可列为普查金的矿点
58	临武县尹家铅锌矿(1)	位于香花岭短轴背斜核部,含矿地层为寒武系塔山群第二段(ϵT^2)砂岩。矿化体呈透镜状赋存于 NW 向石英脉中,长数十米,厚 20 cm,产状 205°∠20°。品位:Pb 0.005%、Zn 0.005%,属中温热液石英脉型	矿化点	经踏勘,无工业意义

续附表2-3

图上编号	矿产地名称	矿床(点)地质特征	规模	工作程度历史评价
59	临武县三角岭铅锌多金属矿	位于香花岭短轴背斜近核部,含矿地层为塔山群第二段(∈T²)、第三段(∈T³)砂板岩。矿化体呈脉状群带状产出,受NE向断裂控制。见矿脉10条,单脉厚5~15 cm,总厚度1.5 m,长100~150 m,见黑钨矿、方铅矿、闪锌矿。品位:WO₃ 0.01%、Sn 0.004%、Pb 0.08%、Zn 0.041%、Cu 0.005%,属高中温热液石英脉型	矿化点	1989年踏勘,品位低,无意义
60	临武县王乡龙铅锌矿	矿点位于香花岭短轴背斜核部。含矿地层为塔山群第二段(∈T²)砂岩。矿体呈透镜状赋存于NW向石英脉中,脉长数十米,脉厚0.2~0.5 m,产状310°∠50°。品位(光谱):Pb 5000×10⁻⁶~30000×10⁻⁶、Zn 10000×10⁻⁶~30000×10⁻⁶、Cu 150×10⁻⁶、Sn 50×10⁻⁶,属中温热液裂隙充填型	矿点	1987年踏勘,无意义
61	临武县尹家铅锌矿(2)	位于香花岭短轴背斜南翼,含矿地层为塔山群第二段(∈T²)砂岩。矿体呈透镜状、串珠状赋存于NW向石英脉中,脉长数十米,厚0.1~0.5 m。品位(光谱):Pb 300×10⁻⁶、Zn 500×10⁻⁶、Cu 500×10⁻⁶、Sn 100×10⁻⁶,属中温热液石英脉型	矿化点	1987年踏勘,规模小、品位低、无意义
62	临武县九子情铅锌矿	位于香花岭短轴背斜东翼,含矿地层为黄公塘组(Dh)白云岩。矿体呈透镜状产于NE向大断裂中,长大于30 m,厚0.2~0.8 m,产状160°∠45°~70°。品位:Pb 3.21%、Zn 3.87%、Ag 28.13 g/t,属中温热液裂隙充填型	矿点	经踏勘,规模小、品位低,工业价值不大
63*	临武县茶山铅锌矿	位于香花岭短轴背斜东翼,含矿地层为黄公塘组(Dh)白云岩。矿体受NE向大断层控制。由三个近东西向至北东向的矿化带组成,主矿体呈透镜状、扁豆状产出,长150~280 m,厚度0.5~9.34 m,延深160~420 m,倾向S至SE,倾角50°~65°。品位:Pb 0.57%~9.5%、Zn 0.71%~22.5%,平均4.4%,伴生有Ag、Cd、Ga、Ge,属中温热液裂隙充填-交代型	小型	1960年初勘,建有地方矿山,有一定工业意义
70	临武县小冬瓜冲铅锌矿	位于香花岭背斜东翼,尖峰岭本外接触带,含矿地层为塔山群第三段(∈T³)砂板岩。矿化体呈透镜状赋存于NE向断裂破碎带中,长约100 m,宽约0.5 m。品位:Pb 0.3%、Zn 0.24%、WO₃ 0.03%,属中温热液裂隙充填型	矿化点	1989年,经踏勘,规模小,品位低,工业价值不大
71-3*	临武县香花铺铅锌多金属矿(共生)	矿体呈脉状、似层状、透镜状和扁豆状产出,长110~800 m,厚2.5~11 m,延深324~530 m,平均品位:Pb 0.84%~1.83%、Zn 0.54%~1.98%,属中低温热液交代充填型	中型	1961年初勘,已建矿山
76	临武县斋公冲钨铅锌多金属矿	位于香花岭短轴背斜轴部,含矿地层为塔山群第三段(∈T³)砂岩。矿体呈脉状产出,受4条NE向断裂控制,长20~150 m,厚0.1~0.3 m。品位:WO₃ 0.4%、Pb 1.66%、Zn 2.77%、Bi 0.063%、Ag 37.5 g/t,属高中温热液石英脉型		1987年,经踏勘,工业价值不大

续附表2-3

图上编号	矿产地名称	矿床(点)地质特征	规模	工作程度历史评价
74	临武县龙山下铅锌多金属矿	位于香花岭短轴背斜轴部,大龙山岩体外接触带,含矿地层为塔山群第三段(ϵT^3)砂岩。矿化体呈脉状、透镜状产于 NE 向断裂中,长约 100 m,厚 0.1~0.4 m,产状 160°∠60°~70°。品位:Pb 0.42%、Zn 0.171%、WO$_3$ 0.03%、Sn 0.11%、Cu 0.028%,属高中温热液石英脉型	矿化点	1987 年踏勘,品位低,无工作意义
82*	临武县毒市铅锌矿	位于香花岭短轴背斜南东翼,尖峰岭复式岩体外接触带。含矿地层为泥盆、石炭系桂阳组(CDg),石炭系石磴子组(Cs)灰岩。矿体呈脉状、似层状、透镜状赋存于南北向断裂中,长 40~150 m,厚 0.3~2.5 m。品位:Pb 0.8%~14.5%、Zn 0.93%~16.8%,属中温热液裂隙充填交代型	小型	1987 年已建矿开采
83	临武县驼子脊银铅锌矿	位于香花岭短轴背斜轴部,大龙山岩体外接触带,含矿地层为塔山群第三、四段(ϵT^{3-4})砂岩、砂板岩。矿体呈脉状、透镜状赋存于 NW 向断裂破碎带中。长近 100 m,厚 0.3~0.8 m,产状 60°∠60°。品位:Pb 4.88%、Zn 2.08%、WO$_3$ 0.54%、Sn 0.026%、Ag 561.5 g/t,属高中温热液裂隙充填型	矿点	1987 年踏勘,规模小,工作价值不大
86**	临武县黄泥塝银铅锌多金属矿	位于香花岭短轴背斜轴部,含矿地层为塔山群第四段(ϵT^4)砂板岩。矿体呈脉状、透镜状赋存于近 SN、NEE 向石英脉中,见脉 4 条,长 150~300 m,厚 0.1~0.6 m。品位:Pb 13.47%、Zn 1.66%、WO$_3$ 0.88%、Sn 0.004%、Sb 2.21%、Ag 210~1450.02 g/t,属高中温热液石英脉型	小型	经踏勘,银品位高,具一定规模,可进一步工作
91	临武县牛头冲钨铅锌多金属矿	含矿地层为塔山群第五段(ϵT^5)浅变质砂板岩。矿体呈脉状、透镜状赋存于 NW 及 NE 向断裂中,见矿脉 8 条,单脉长 50~400 m,厚 0.1~0.5 m,倾向 SE 或 NE,倾角 55°~75°。品位:Pb 2.75%、Zn 2.04%、WO$_3$ 1.40%、Sn 0.004%、Ag 90.63 g/t,属高中温热液裂隙充填型	小型	经踏勘,银品位较高,有一定规模,可进一步工作
94-1*	临武县包金山铅锌矿	位于香花岭短轴背斜南倾伏端,尖峰岭岩体外接触带,含矿地层为黄公塘组(Dh)白云岩。矿体呈似层状赋存于 NE 向断裂中,长 450~1100 m,厚 1~7.2 m,平均 1.97 m。平均品位:Pb 1.44%、Zn 2.934%、Sn 2.7%,属高中温热液充填交代型	中型	1988 年,勘探,上部为中型铅锌矿,下部为中型锡矿
95	临武县桐木岭铅锌矿	位于香花岭短轴背斜轴部,含矿地层为塔山群第五段(ϵT^5)浅变质砂板岩。矿体呈透镜状、串珠状赋存于 NW 向破碎带中,长 100 余 m,厚 0.5~1.5 m,产状 60°∠50°~80°。品位:Pb 0.85%、Zn 1.10%、WO$_3$ 0.002%、Sn 0.004%、Ag 0.13 g/t,属高中温热液裂隙充填型	矿点	1987 年,经踏勘,规模小、品位低、工业价值不大
68	临武县大塝铅锌多金属矿	位于香花岭短轴背斜轴部,含矿地层为塔山群第三段(ϵT^3)砂板岩。矿体呈脉状、透镜状赋存于 NE 向断裂中,长 400 余 m,厚 0.5~0.95 m,产状 130°∠55°~75°。品位:Pb 1.66%、Zn 1.42%、WO$_3$ 0.21%、Ag 28.11 g/t,属高中温热液石英脉型	矿点	经踏勘,矿体规模较大,需进一步检查

续附表2-3

图上编号	矿产地名称	矿床(点)地质特征	规模	工作程度历史评价
96	临武县打门冲钨铅锌多金属矿	位于香花岭短轴背斜南东翼，尖峰岭复式岩体内接触带。含矿围岩为癞子岭单元细粒铁锂云母二长花岗岩。矿体呈细脉状、网脉状赋存于 NW 向断裂破碎带中，长 180 余 m，厚 0.8～1.2 m，产状 225°∠65°～85°。品位：Pb 7.21%、Zn 12.82%、WO₃ 0.76%、Sn 0.218%、Cu 0.251%、Ag 93.75 g/t，属高中温热液裂隙充填型	矿点	1987 年踏勘，规模小，工作价值不大
97	临武县东山南银铅锌多金属矿	位于香花岭短轴背斜南东翼，尖峰岭复式岩体接触带。含矿地层为泥盆、石炭系桂阳（CDg）灰岩、白云岩。矿体呈脉状、细脉状产出，长大于 80 m，厚 0.5～1 m。产状 340°∠70°。主要矿物有方铅矿、闪锌矿、黄铜矿、辉银矿。品位：Pb 5.23%、Zn 2.77%、Ag 331.5 g/t，属中温热液裂隙充填型	矿点	1987 年踏勘，规模小，工作价值不大
99	临武县龙水塘铅锌矿	位于香花岭短轴背斜南倾伏端，尖峰岭岩体外接触带，含矿地层为黄公塘组（Dh）白云岩。矿体呈透镜状、串珠状、似脉状赋存于 NE 向断裂中。长大于 200 m，厚 0.1～0.3 m，产状 130°∠60°。品位：Pb 0.12%、Zn 16.44%、WO₃ 0.004%、Sn 0.023%、Ag 36.85 g/t，属中温热液裂隙充填型	矿点	经踏勘，锌品位高，具一定规模，可进一步工作
101	临武县土楼冲锡铅锌矿	位于香花岭短轴背斜南东近倾伏端，含矿地层为石炭纪上头坳组（Csh）白云岩。矿化体主要受 NE、SN 向断裂控制。呈不规则透镜状产出。单个矿化体呈数米至数十米，厚 0.4～2 m。品位（光谱）：Pb 5000×10⁻⁶、Zn 50000×10⁻⁶、W 1000×10⁻⁶、Sn 3000×10⁻⁶，属中温热液裂隙充填型	矿化点	1987 年踏勘，规模小，品位低，无工业意义

附表2-4 成矿预测区分类准则

项目	A类预测区	B类预测区	C类预测区
区域成矿地质背景	现在地质理论研究、勘查实践和区域物化探测量结果均能说明预测区处于十分有利的区域成矿地质背景中	现在地质理论研究、勘查实践和区域物化探测量结果均能说明预测区处于有利的区域成矿地质背景中	现在地质理论研究和区域物化探测量结果尚难以说明预测区处于有利的区域成矿地质背景中
预测区内控矿因素的组合	预测区内存在多种有利的控矿因素，而且这些因素在时间上和空间上达到了最佳的配置	预测区内存在多种有利的控矿因素，但部分因素不能足以说明在空间上或时间上与其他因素协调一致	预测区内只存在少数几种有利控矿因素，或存在多种有利因素，但难以说明它们之间存在内在的联系
预测区内直接矿化信息	预测区内已有大量的矿床（点）分布；或已圈出一定规模和强度的重砂异常，而且重砂矿物组合可能与所预测的目标矿床有关	预测区有一定量的矿床（点）分布；或已圈出一定规模和强度的重砂异常	预测区内有少量矿点分布，或已圈定一定规模的重砂异常
预测区内间接的矿化信息	①显著的围岩蚀变，并具有明显的蚀变分带；②存在与矿化有关的标志层；③航空和地面物探提供了较好的找矿信息；④地球化学异常的强度和规模都很显著，元素组合特征与目标矿床相近；⑤遥感图像上环形影像、色调异常明显等；预测区内至少存在任意两种上述矿化信息	①发育较强的围岩蚀变，但蚀变分带不明显；②存在与矿化有关的标志层；③区域地球物理异常明显，局部异常可能为矿致异常，但仍然具有多解性；④地球化学异常具有一定的强度和规模，元素组合与目标矿床具有可双性	①发育围岩蚀变，无分带现象；②地球物理异常具有多解性；③地球化学异常较弱，且元素组合单一

实习三

隐伏花岗岩体预测与找矿靶区优选

一、实习目的和要求

　　实习目的：根据预测花岗岩体的理论和方法，结合香花岭地区成矿地质条件、找矿标志、矿产分布、矿床类型特征和地质、物化探、遥感、重砂等综合找矿信息，在实习二编制的成矿规律图和成矿预测图的基础上，预测隐伏的花岗岩体并优选锡多金属矿预测靶区。

　　实习要求：在香花岭地区综合信息成矿预测图上预测隐伏花岗岩体 3 个，在图中用红色折线圈出，每个面积不大于 $10 \ km^2$，并进行标注；提交锡多金属预测靶区 3 个(其中 A 类预测区至少 1 个)，并列举预测依据。

二、实习材料准备

　　(1)附表 3-1 香花岭地区地层、岩(矿)石密度值统计表；
　　(2)附表 3-2 香花岭地区岩(矿)石磁性参数统计表；
　　(3)附表 3-3 实测与铀样分析放射性元素含量统计表；
　　(4)附表 3-4 香花岭岩(矿)石电性参数统计表；
　　(5)附图 3-1 香花岭地区综合信息成矿预测底图(1∶50000)(见云盘)；
　　(6)附图 3-2 香花岭地区物化探及重砂成果图(1∶50000)(见云盘)；
　　(7)预测隐伏花岗岩体的理论和方法。

三、实习步骤

　　(1)复习教材相关内容，掌握成矿预测的基本理论和方法；
　　(2)仔细研读实习材料：香花岭地区地质概况，相关附图、附表和预测隐伏花岗岩体的理论和方法；

（3）根据预测隐伏花岗岩体的理论和方法及综合找矿信息，预测隐伏的花岗岩体3个；

（4）在香花岭地区成矿规律图和成矿预测图的基础上，结合预测的隐伏花岗岩体和综合找矿信息，提交锡多金属矿预测靶区3个，其中A类预测区不少于1个。

四、实习内容和方法

1. 隐伏花岗岩体的预测

香花岭地区隐伏的花岗岩体众多，这已为前人研究和勘查实践所证实。钨锡多金属矿床与隐伏的云英岩化的黑云母花岗岩体和花岗斑岩脉及细晶岩脉在空间和成因上存在极为密切的关系。因此如何预测隐伏花岗岩体的具体位置、花岗岩体的顶部形态特征和接触带特征，成为寻找隐伏钨锡多金属矿体和稀有金属铌钽矿体的关键因素之一。本实习要求运用预测隐伏花岗岩体的科学理论和方法，根据本区的地质、遥感、地球物理和地球化学信息，预测出至少三个与成矿密切相关的隐伏花岗岩体（隐伏岩体一般以地名来命名），为预测和优选隐伏的钨锡多金属矿靶区创造条件。

2. 找矿靶区的优选

根据隐伏花岗岩体的预测成果，结合对香花岭地区锡多金属成矿规律的认识及综合找矿信息，优化筛选3处锡金属找矿靶区，至少含A类靶区1处。对3处锡多金属找矿靶区进行概述，主要说明3个方面的问题：①交通位置、范围面积；②地质概况、矿化特征；③预测优选依据。

五、预测隐伏花岗岩体的理论和方法

（一）预测隐伏花岗岩体的地质理论和方法

1. 接触热变质带

岩浆侵入时，扩散热能引起接触带围岩的重结晶作用，使接触带围岩的矿物成分和结构发生改变，形成围绕侵入体的热变质带，如角岩带、大理岩带等。

2. 热液蚀变

隐伏花岗岩体的侵入活动，受热量和挥发分的影响，在岩体顶部及围岩发生热液交代作用，形成各种不同的蚀变，面状蚀变常呈中心式分布，接近岩体的热液蚀变一般出现明显的垂直分带。结合已查明的热液蚀变类型和隐伏岩体的空间关系，可将其作为隐伏花岗岩体的勘查标志。

3.岩脉及岩枝

一般情况下，和花岗岩有成因关系的酸性岩脉(云英岩脉、石英脉和花岗岩细脉等)，由于受围岩或岩体侵位机制及冷凝固结机制的影响，往往呈现出离岩体越近，岩脉数量越多、脉体越宽的现象。在查明隐伏花岗岩体时，可以根据出露地表的岩脉和岩枝在研究区内已知的规律性的空间关系，将其作为探寻隐伏花岗岩体的直接标志。

4.构造条件

隐伏花岗岩体受断裂构造、褶皱构造以及复合构造的控制。其中，已知岩体出现等距出露的工作区内，可以用等距性原则进行预测。

5.与花岗岩直接相关的挥发组分矿物的分布特征

由挥发组分形成的矿物，如萤石、电气石、黄玉、锂云母等集中分布的部位，深部可能存在隐伏的花岗岩体。

6.水压致裂构造

水压致裂构造对定位隐伏花岗岩体有一定的参考作用，特别是在隐爆角砾岩的延伸部位有可能存在隐伏的花岗岩体。

7.矿床类型的垂直分带

与隐伏花岗岩有关的钨锡多金属矿床存在明显的垂直分带现象，如果在碎屑岩、碳酸盐岩围岩发现与岩浆作用相关的铅锌矿化、金矿化、萤石矿化，则在这些矿化点附近可能存在隐伏的花岗岩体。

(二)隐伏花岗岩体预测的地球物理方法

物探是研究区域深部地质的有效方法，利用隐伏花岗岩体的地球物理特性，在隐伏花岗岩体预测中，使用重磁异常标志，结合地震和放射性方面的资料，可为划分、圈定隐伏岩体提供重要依据。

1.重力异常

区域岩石密度研究资料表明，隐伏花岗岩体一般具有较低的密度，围岩密度高于其数值则会引起局部重力低值异常。根据重力低值异常的特征可以分析隐伏花岗岩体的整体形态。

2.磁异常

隐伏岩体，比如隐伏花岗闪长岩体常常含有很多的铁镁质矿物，所以具有弱磁性或中磁性，其中中磁性较多见。一般花岗岩体、沉积变质岩与沉积岩磁性极弱，但岩体周围蚀变围岩具有较高的磁性，所以在岩体周围及岩体上分布有局部的磁异常，其原因是岩体侵入时，周围岩石被蚀变，其岩石中的含铁矿物在热力的作用下，形成磁铁矿，在岩体顶板及周围，形成厚度较大的磁性壳层，或称为"磁性帽"。

3. 地震勘探法

利用人工激发地震波，可以推断波的传播路径和介质结构。依据波的振幅、速度和频率等参数，可以一定程度上推断隐伏岩体的产状和形态。

4. 电法异常

隐伏岩体内部多呈现高电阻率，它和沉积岩中的灰岩、砂岩之间没有明显的电性差异，但是，在隐伏岩体接触带上的矿化富集层，常常呈低电阻率，所以可以利用电阻率法预测隐伏岩体。如在云南个旧就成功地利用电法预测了隐伏岩体的形态。

5. 放射性异常

据有关资料显示，隐伏花岗岩体中的放射性元素 U、Th、K 的含量是高于围岩的，根据地面伽马能谱高含量异常及局部航磁异常围绕，可以推断其为花岗岩体或隐伏花岗岩体。

6. 遥感影像特征

隐伏花岗岩体与遥感影像的线环构造、色调异常之间存在着较为密切的联系，遥感影像经过图像增强技术等处理后，从中可以提取出环形构造、放射性断裂和面状蚀变等特征信息，从而更容易识别出隐伏花岗岩体的定位信息。

(三)隐伏岩体预测的地球化学方法

隐伏岩体和围岩中会出现某些金属和非金属元素的富集，不同的环境表现也不一样，通过研究其特征能够预测隐伏岩体。

1. 元素组合分带

隐伏岩体可以在地表形成原生晕、次生晕、分散流异常，在平面或者剖面上这些异常表现出明显不同的元素组合分带性，一般与隐伏花岗岩有关的热液矿床自下而上分带为 W、Sn、Mo、Bi、Cu、Pb、Zn、Ag、Au。即稀有元素异常常位于岩体内部或接触带内带，高中温元素异常往往分布于岩体接触带外带或隐伏花岗岩体的上部，中低温元素异常往往位于外带。在同一个平面上，出现深部元素含量变高地段，深部可能存在隐伏的花岗岩体。

2. 挥发元素异常

当岩体侵位时，挥发分如 F、I、B、Cl、As、Hg 等受岩浆结晶分异以及喷气作用的影响，容易在顶部围岩中形成地球化学晕。成矿条件不同，围岩和隐伏岩体中元素组合异常特征也有所差异。常见的是隐伏岩体上部 F、I、As 为高异常，B、Cl、Hg 等则是低异常。所以，围岩中挥发性元素原生晕异常也是预测隐伏花岗岩体的一种方法。

3. 石英等包裹体温度和成分规律性变化

随着围岩与岩体距离的不断变化，它所含的矿物包裹体均一温度、气液比、成分、子矿物类型和盐度通常会发生有规律的变化。包裹体的古地热田异常中心一般对应隐伏岩体的顶部。距离岩体越远,温度越低,热损越大。

4. 隐伏岩体的碳、氧同位素标志

$\delta^{18}O$、$\delta^{13}C$ 等稳定同位素的分馏系数受温度影响,故隐伏岩体侵入热场时,围岩中的某些稳定同位素会发生交换反应。据试验表明,分馏的强弱受温度的影响,即温度高则分馏强,反之则低。围岩中碳、氧同位素异常中心的圈定和恢复能够用来查明隐伏岩体的存在。

六、香花岭地区地球化学和地球物理异常特征

(一)地球化学异常特征

土壤次生晕异常主要分布在镇南—葡萄湾南北向区域性断裂以西的香花岭背斜,分布范围和形态受侵入岩体以及 NE、NW 向控制断裂制约,形成南北长、东西宽的菱形分布。断裂以东的异常呈零星分布。香花岭背斜区的异常分布具有如下特征:

(1)香花岭、通天庙和尖峰岭岩体的出露地区是以 W、Sn、Bi、Pb、Zn 为主的多元素异常组合区,异常规模大、强度高、元素分带性好,尤以尖峰岭和癞子岭的异常最为突出。两处异常面积达十几 km^2,几乎出现所有元素的异常。元素的分带从岩体向外依次出现稀有(Be、Nb、Li)→高温(W、Sn、Bi)→中温(Cu、Pb、Zn、Ag)→低温(As、Au、Sb)元素组合,异常区内有大中型钨锡、铅锌矿床以及众多的矿点。著名的香花岭锡矿、东山钨矿就在这两处异常区中,是研究区内最好的两处异常区,在 26 个综合异常区排序中居第 1 和第 2。其有利的地质、构造、岩浆岩条件,对扩大已知矿床远景十分有利。

(2)甘溪坪、三十六湾、包金山等岩脉发育处是以 Pb、Zn 为主的多元素异常组合区,异常规模中等,一般为几 km^2,强度高至中等,元素分带性差,出现的组合元素较多,但以 Pb、Zn 异常规模大、强度高,如三十六湾 W、Sn、Pb、Zn 异常,出现的组合元素达 10 个以上,Pb、Zn 的峰值均达 15000×10^{-6},Sn 的峰值达 10000×10^{-6},面积为 2~3 km^2,具明显的浓度梯度变化,在 26 个综合异常区中排序第 3,是区内最有找矿意义的异常区。

(3)田子头、社背岭、围子里等异常区,远离岩体,反映的是 Pb、Zn、Sb、As 中低温元素组合,异常规模达 1~2 km^2,无浓度梯度变化,出现的矿点也少。

研究区东部的几处异常区分布在潭炸坪—大冲复背斜、太汾洞—泮塘复向斜的轴部,NE 向的断裂带上,以横圳的 Sn 异常规模大、强度高,具有浓集中心,根据航磁解译异常区为一封闭构造,且有隐伏花岗岩体,推断该异常区是寻找隐伏锡矿床的有利部位。

(二)局部航磁异常特征

(1)香花岭航磁 ΔT 局部异常群:主要集中分布在岭岳下—茶山—田心—石门环形带内,共 14 个异常,规模小,最大的 C-74-24,长 2 km,宽 1.8 km,峰值低,$\Delta T_{max} = 40~50$ nT,多呈椭圆状,轴向以 NW 向为主,亦有 NE、NNE 和 EW 向。异常展布具有一定的方向性,如 C-74-24、24_1、24_6 和 C-86-49、53 按 NW 向排列;C-74-24_1、24_2、24_3、24_7、C-86-53、55 和 C-74-24_9 按 NE 向展布,其异常连线与已知的塘官铺—田腿、包金山—茶山 NE 向断裂

一致。还有呈 NNE 向的 C-74-24$_1$、24$_4$、24$_5$、C-86-51 异常。另一个展布特征为，航磁异常分布于岩体出露区及其周围，如癞子岭岩体及其周围有 C-74-24、24$_1$、24$_2$、24$_3$、24$_4$、24$_6$ 等 62 个航磁异常，反映了航磁异常与岩体和接触带构造有关。

（2）文公冲局部航磁 ΔT 局部异常群：异常分布在新塘—沙田弧形高磁区带内，有两个不同轴向的磁异常：C-77-217 航磁异常，轴向 NW，呈长条状，长 4 km，宽 2 km，ΔT_{max} = 75 nT；C-77-220 航磁异常，由多峰组成的不规则状，轴向 NE，ΔT_{max} = 135 nT，分布在文公冲岩体处，可能与岩体有关。

（三）航空重力异常特征

（1）重花岭重力低异常：由岭岳下—牛亚岭—王家塘环形重力梯度带围绕，为未封闭的椭圆形，长 20 km，宽 14 km。

（2）文公冲重力低异常：位于本区的东北角，属骑石岭重力低异常伸入图区的一部分。

（四）地面伽马能谱剩余异常特征

（1）通天庙异常区：由天河冲—甘溪坪—香花铺—铺下圩—石门环形带包围，呈椭圆状，长 18 km，宽 10 km。其中有天河冲、通天庙、香花岭—尖峰岭—铺下圩三个大异常群带。其次，除塘官铺异常有一定的规模外，都呈零散状分布其间，为 U、Th、K 综合异常区，其中以 K 异常规模最大，Th 次之，U 最小。

（2）佛祖铺—牛亚岭—王家塘异常密集带：位于通天庙异常区外侧，通过一段异常分布少的正常区后，异常分布密集，呈环形。王家塘一带以 K 异常为主，佛祖铺—牛亚岭一带为 U、Th、K 综合异常区，异常规模小，相互重合性较差。

（3）新塘—南正街、文公冲—沙田异常密集带：相带相互联结成"V"字形，其中新塘—南正街异常带为 SN 向，北段以 U 异常为主，规模大，无 K 异常，只有 Th 异常分布。南段为 U、Th、K 综合异常带。文公冲—沙田北东向异常带由两个规模较大的 U、Th、K 综合异常组成。

（4）土地圩—南正街 EW 向异常带：异常呈断续状分布，以 U 异常为主，部分 Th 异常。

七、附表及附图

附表 3-1 香花岭地区地层、岩（矿）石密度值统计表；
附表 3-2 香花岭地区岩（矿）石磁性参数统计表；
附表 3-3 实测与铀样分析放射性元素含量统计表；
附表 3-4 香花岭岩（矿）石电性参数统计表；
附图 3-1 香花岭地区综合信息成矿预测底图（1∶50000）（见云盘）；
附图 3-2 香花岭地区物化探及重砂成果图（1∶50000）（见云盘）。

附表 3-1　香花岭地区地层、岩(矿)石密度值统计表

界	系	地层代号	岩(矿石)名称	样品/块	密度平均值/(g·cm⁻³)		
					岩性层	系平均	界平均
中生界	白垩系	K	砂岩、粉砂岩、砾岩	40	2.60	2.60	2.60
上古生界	二叠系	Pc	灰岩	60	2.72	2.68	
		Pt+l	砂岩	60	2.66		
			页岩	90	2.66		
			砂质页岩	30	2.62		
		Pq	灰岩	30	2.71		
	石炭系	Csh+ch	白云岩	60	2.82	2.76	2.73
			灰岩	30	2.71		
			白云质灰岩	30	2.78		
			白云岩	30	2.84		
		Cs	灰岩	184	2.70		
		CDg	灰岩	180	2.71		
	泥盆系	Dtm	石英砂岩	60	2.58	2.74	
			灰岩	330	2.72		
		Dg	灰岩	300	2.71		
			白云岩	30	2.81		
		Ds+h	白云质灰岩	30	2.79		
			白云岩	150	2.82		
			灰岩	90	2.69		
			含泥质灰岩	30	2.69		
			泥灰岩	60	2.67		
		Dg+t	石英砂岩	120	2.64		
			砂岩	150	2.63		
			含铁砂岩	150	2.71		
			页岩	30	2.66		
下古生界	寒武系	∈T⁵	板岩	120	2.64	2.62	2.62
		∈T⁴	砂岩	120	2.70		
		∈T²⁺³	板岩	180	2.50		
			砂岩	270	2.64		
		∈T¹	板岩	90	2.59		
			砂岩	60	2.62		
岩体		YXjγ	尖峰岭花岗岩	90	2.65	2.66	2.66
		YXlγ	癞子岭花岗岩	60	2.67		

附表 3-2　香花岭地区岩(矿)石磁性参数统计表

地层代号	岩(矿)石名称	采集地点	样品/块	$K×4π×10^{-6}SI/nT$		$Jr×4π×10^{-6}SI/nT$	
				变化范围	平均值	变化范围	平均值
Dh	含闪锌矿白云岩	门头岭、黄梅江	3		500		83
	矽卡岩	香花岭	20	1~49	30		
	磁黄铁铅锌矿化白云岩	三合圩(钻孔)	4	425~2210	1488	110~630	244
	黄铁矿化泥灰岩	三合圩(钻孔)	21	214~950	646	550~12023	2570
Dt	黄铁矿化石英角岩	三合圩(钻孔)	63	112~4095	1130	407~3378	3344
	磁黄铁矿化石英粉砂岩	三合圩(钻孔)	58	358~6457	1383	973~16069	5158
	赤铁矿、磁铁矿化变质砂岩	三合圩(钻孔)	92	493~10494	3582	624~54954	4030
	石英细砂岩	门头岭	3		630		195
	钙质粉砂岩	塘官铺	7	2604~7441	5079	148~3558	980
Є	变质砂质、板岩	香花岭			20		
γ	花岗岩	香花岭	30	20~40	20		
Q	砂锡矿	香花岭	39	309~2337	920	44~528	152
	含磁铁矿、磁黄铁矿铅锌矿矿石	甘溪坪	4	0~891	415	0~4164	2643
Dh	黄铁矿铅锌矿矿石	三合圩	2		330		2870
	赤铁矿、磁铁矿矿石	三合圩	3		57544		87096
Dt	褐铁矿	塘官铺	19	742~43480	16867	20~89335	9143
	磁黄铁矿	塘官铺	8	1601~23617	11019	28725~193332	113467

附表 3-3　实测与铀样分析放射性元素含量统计表

地层代号	岩性	铀样个数/个	实测统计量			铀样分析含量			采样地点
			U /10^{-6}	Th /10^{-6}	K /%	U /10^{-6}	Th /10^{-6}	K /%	
P	石英砂岩	1	11.5	30.7	2.61	3.8	12.5	1.09	
C	含炭灰岩、炭质页岩	2	19.4	14.7	0.69	2.95	8.15	0.03	
Dt	石英砂岩	4	8.2	29.8	3.91	3.6	17.8	3.48	全区
Dy	石英砂岩	2	4.6	20.6	3.48	2.5	10.0	1.82	
ЄT^{2+3}	粉砂岩	6	6.5	27.0	3.72	7.7	16.1	2.77	
ЄT^1	砂质板岩	3	6.7	33.4	5.08	3.1	17.3	1.78	
YXl$ηγ$	铁锂云母二长花岗岩	2	23.3	35.9	4.12	12.2	23.0	2.78	癞子岭岩体
YXj$ηγ$	铁锂云母二长花岗岩	2	25.1	36.3	3.63	15.7	14.0	3.46	尖峰岭岩体
IQw$ηγ$	角闪石、黑云母二长花岗岩	5	13.8	69.4	4.77	5.3	22.4	3.82	文公冲岩体
YX$γπ$	花岗斑岩脉	4	16.1	54.0	3.55	5.5	25.63	4.0	新泉塘、麻子岭

附表 3-4 香花岭岩(矿)石电性参数统计表

岩(矿)石名称	样品/块	激化率 η/%		电阻率 ρ/$(\Omega \cdot m)$	
		变化范围	平均值	变化范围	平均值
白云岩	47	1.3~5.5	3.4	4074~25704	10233
含炭质白云岩	26	5.7~24.7	9.5	457~10965	2239
黄铁矿化含炭质白云岩	74	9.47~33.8	21.6	132~2884	621
黄铁矿化白云岩	18	5.9~21.3	13.6	550~6310	1879
铅锌矿化白云岩	19	4.3~17.5	10.9	1413~3715	2291
灰岩	78	2.1~10.4	5.06	4365~39382	16382
含炭质灰岩	24	5.5~11.3	8.40	2692~19498	7244
泥灰岩	27	1.1~6.5	3.8	759~13804	3236
含炭泥灰岩	18	4.8~20.6	12.7	269~13490	1906
黄铁矿化泥灰岩	9	2.0~20.9	10.7	1148~6607	2754
炭质页岩	56	1.58~11.6	6.37	83~1567	271
变质石英粉砂岩	36	0.9~4.9	2.9	2472~19634	6966
赤铁矿、磁铁矿化变质粉砂岩	61	0~5.4	2.6	1734~15311	5152
磁黄铁矿化变质石英粉砂岩	11	6~11.7	5.2	2735~18453	7104
石英角砾	56	1.1~5.1	3.1	2477~14125	5916
褐铁矿	33	7.11~9.49	8.3	5321~12380	8123
黄铁矿铅锌矿矿石	21	6.3~66.2	37.23	66~3177	422
磁黄铁矿矿化角岩	46	0.6~18.7	7.76	510~12380	4555
黄铁矿	3		28.8		240
赤铁矿、磁铁矿	1		36.8		55

实习四

钻孔弯曲校正

🔵 一、实习目的

　　实习目的：钻孔弯曲校正是钻探工程编录中不可缺少的一项十分重要的技术性工作。通过本次实习，掌握根据提供的钻孔弯曲测量资料，选择合适的方法，完成钻孔中轴线的校正与绘制，熟悉钻孔弯曲校正的基本方法，为后期编制各类地质剖面图、投影图等打好基础。

🔵 二、钻孔弯曲及校正的方法原理

　　钻孔在施工过程中，由于地质和技术原因，往往会发生钻孔的倾角（或天顶角）、方位角发生弯曲而偏离原设计的位置，特别是斜孔更容易发生。因此，在编制钻孔剖面图时，必须先校正孔斜和方位。如果未经孔斜和方位校正，用原设计的钻孔轴线画地质界线和矿体，则编绘的地质界线和矿体，在空间位置上会产生很大的误差，这不仅影响了所圈定的地质界线的可靠性，也歪曲了矿体形态、产状及其空间分布，既影响了资源储量估算的可靠性，也影响了以后采矿工程中开拓、采准切割巷道设计的精度，造成很严重的后果。

　　基于钻孔的测斜结果（表4-1），钻孔弯曲校正一般有图解法和解析法两种处理方式，其中图解法又有两种基本情况：即钻孔倾角或天顶角弯曲校正和钻孔方位角偏移校正。下面分别进行介绍。

　　（1）钻孔倾角或天顶角弯曲校正。

　　钻孔倾角或天顶角弯曲校正常采用中点转换方法，即用每个测点的天顶角或倾角（向上、向下）影响范围为其相邻测点间距离一半的原则，也就是钻孔天顶角转换点的深度不是测点的深度，而是测点与上一测点中间的深度。

　　现以表4-1的测斜资料，具体说明天顶角校正钻孔曲线的过程。

表 4-1　钻孔测斜数据表

测点编号	测点深度/m	天顶角/(°)	方位角/(°)	备注
0	0	17	90	钻机安装时的倾角和方位角
1	120	19	110	
2	230	39	119	
3	350	55	122	410 m 为终孔深度

各测量点的控制深度和控制距离的计算。

设在 i 点和 $i+1$ 点的测量深度分别为 H_i 和 H_{i+1}($i=1$，2，3，…，n)，则这两点间的控制深度 H_i' 为：

$$H_i' = \frac{H_i + H_{i+1}}{2}$$

$H_0' = 0$(地表)；H_{n+1}' 为终孔深度。控制距离为相邻控制深度之差(表 4-2)。

表 4-2　某钻孔投影计算数据

计算钻孔孔段深度/m			倾角/(°)	方位角/(°)	备注
上控制点	下控制点	控制距离			
0(O)	60(A)	60	73	90	
60(A)	175(B)	115	71	110	
175(B)	290(C)	115	51	119	
290(C)	410(D)	120	35	122	410 m 为终孔深度

在编制钻孔中轴线剖面图时，首先根据测斜数据求出制图时的钻孔天顶角转换点的深度，如图 4-1 中的 A、B、C、D 及各转换点的控制长度；然后根据各测点的钻孔天顶角及角度转换点和控制长度作图；连接 OA、AB、BC、CD 等拆线为平滑曲线就是天顶角校正后的钻孔曲线。

(2)钻孔方位角偏移校正。

钻孔方位角偏移校正是在钻孔轴线天顶角校正的基础上，根据钻孔轴线的方位角和地质体的产状要素，选择不同的投影方法，绘出钻孔轴线及地质体在勘查线剖面上的投影图。现将不同投影方法介绍如下。

法线投影的图解法：以表 4-1 的资料为例，以图 4-1 为基础，在钻孔轴线的下方画一条水平线(此水平线应视为勘查线剖面的方向线)，将 O、A、B、C、D 各折点垂直投影到水平线上(图 4-2)，得到 O'A'、A'B'、B'C'、C'D' 等线段，然后从孔位 O' 起，在 90°方位上取线段长等于 O'A' 得点 1(在本例中 1 与 A' 重合)；从点 1 起在 110°方位取线段长等于 A'B'，得点 2；从 2 点起，在 119°方位取线段长等于 B'C'，得点 3；从 3 点起，在 122°方位取线段长等于 C'D'，得点 4。将点 O'、1、2、3、4 连接起来的折线，就是钻孔轴线在平图上的投影图(图 4-2 下部)。自 1、2、3、4 各点向上作垂线与水平线交于 1'(在本例中 1 与 1' 重合)、2'、3'、4'，

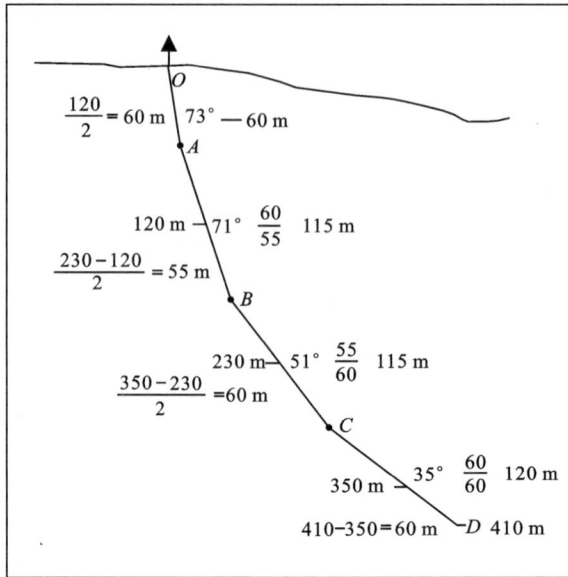

图 4-1 天顶角校正后的钻孔中轴线

与剖面上通过 A、B、C、D 点各点的水平线交于 1″、2″、3″、4″点，将 O、1″、2″、3″、4″这些点连接起来，就是法线投影的钻孔轴线(图 4-2 上部)。

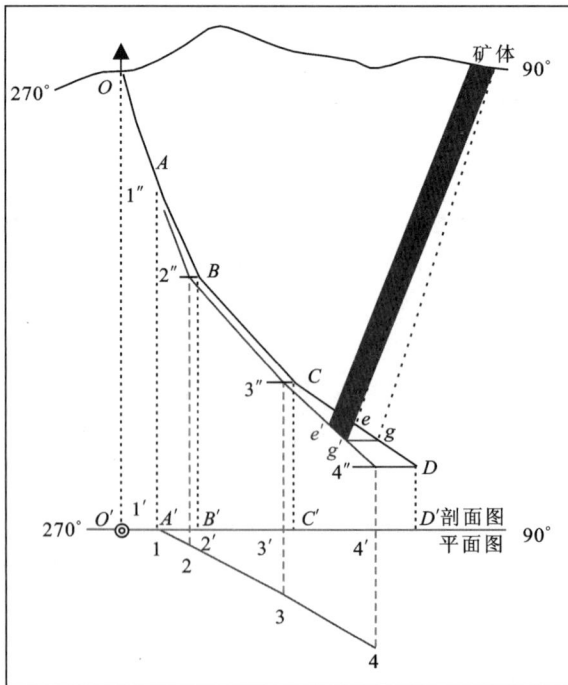

图 4-2 钻孔法线投影图

地质界线点的投影方法，是将天顶角校正后的钻孔轴线的地质点(如图 4-2 中的钻孔中控制的铅锌矿体顶底板界线点 e 和 g)，沿水平方向投影到钻孔法线上(如图 4-2 中的 e' 和 g')。通过这种方法作出的钻孔轴线为一折线，在实际工作应用时，人为地将其圆滑成曲线。

（3）钻孔弯曲校正的解析法。

①控制距离间线段的投影。

线段投影原理是钻孔投影的基础。由于勘查线地质剖面一般垂直矿体总体走向布置，故垂直投影最为常用。下面介绍垂直投影的方法原理。

如图 4-3 所示，AB 是空间线段。A 点在与勘查线剖面平行的垂直投影面 P 上，B 点在水平投影面 Q 上。A 点在 Q 平面上的投影为 O。OB 为 AB 的水平投影。OB 方向为 AB 的方位，其方位角为 ω。AB 的倾角为 β，顶角为 α。过 B 点向 P、Q 两平面引垂线，交于 C 点。OC 方向为投影面 P 的方位，方位角为 ε，这也是勘查线剖面的方位角。剖面方位与线段方位的夹角 φ 为：

$$\varphi = \omega - \varepsilon$$

AC 为 AB 在 P 平面上的投影。这样一来，将线段 AB 分解为在垂直方向上的分量 Δz(AO)，在剖面上的分量 Δx(OC) 和偏离剖面的分量 Δy(BC)。

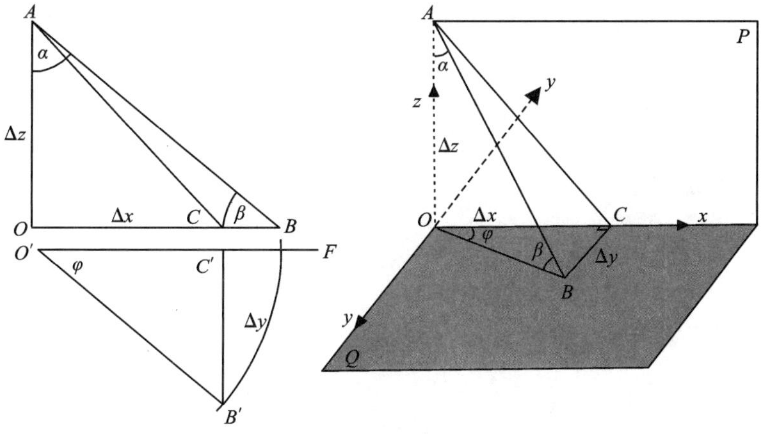

图 4-3　空间线段投影原理图

坐标系统如图 4-3 所示。x 为剖面方向；y 为垂直于剖面的方向(即偏离剖面的方向)，x 方向右侧为正，左侧为负；z 为铅直方向，向上为正，向下为负。

令线段 AB 的长度为 l，由图 4-3 可得：

$$\Delta z = l \sin \beta \tag{4-1}$$
$$OB = l \cos \beta \tag{4-2}$$
$$\Delta x = OB \cos \varphi = l \cos \beta \cos \varphi \tag{4-3}$$
$$\Delta y = OB \sin \varphi = l \cos \beta \sin \varphi \tag{4-4}$$

②各控制点坐标的计算。

已知 A 点的坐标为 (x_i, y_i, z_i)，欲求 B 点的坐标 $(x_{i+1}, y_{i+1}, z_{i+1})$。如果已计算得到两点间的增量，则：

$$x_{i+1} = x_i + \Delta x \tag{4-5}$$
$$y_{i+1} = y_i + \Delta y \tag{4-6}$$
$$z_{i+1} = z_i + \Delta z \tag{4-7}$$

若孔口坐标已测定，在求得各段的坐标增量后，就可以根据式(4-5)~式(4-7)依次计算，得到各控制点的坐标。将各个控制点投在剖面图上，然后连接各点，就可以得到钻孔在剖面图上的投影。在平面图上一般不将全部钻孔投影绘出，只绘矿层中心点等特殊点的投影。

③钻孔中地质界线点的投影。

地质界线点的投影计算，首先要确定该点落在哪一个孔段，也就是要确定用于计算的倾角和方位角的数值。然后，要确定该点距计算孔段上控制点的距离，以便计算坐标增量。

例如，设白云质灰岩与铅锌矿体顶板界线的换层深度为 325 m，从表 4-2 中可知，是计算孔段 290~410 m 间的一个点，与上一控制点的距离为 325-290=35 m。用该计算孔段的倾角(35°)和方位角(122°)的数值代入式(4-1)~式(4-4)，计算出线段长度 35 m 的坐标增量 Δx、Δy、Δz，再根据上一控制点的坐标和坐标增量 Δx、Δy、Δz，代入式(4-5)~式(4-7)，计算出白云质灰岩和铅锌矿体顶板界线的换层点的坐标。

若孔口坐标已测定，在求得各段(控制距离)的坐标增量后，就可计算出各控制点(转换点)的坐标。在剖面 P 和平面 Q 上投点就可得到钻孔的投影。分层孔深点的投影计算方法与此类似。

用解析法算出各点的坐标值后，再在剖面图或平面图上绘出就比较方便。上述这些计算在 Excel 软件上进行十分方便。当然用编程软件的方法进行处理则更加快捷，并且在 CAD 中可以精确地实现自动成图。

作图法比较简便，但解析法更准确，推荐使用解析法。

⬤ 三、实习步骤

(1)阅读实习资料，明确实习目的和要求；
(2)确定 16ZK5 钻孔弯曲校正方法与程序；
(3)完成课堂和课后作业。

⬤ 四、实习资料

表 4-3 为钻孔 16ZK5 弯曲校正的测斜资料。

表 4-3　钻孔 16ZK5 弯曲校正的测斜数据表

测点编号	测点深度/m	天顶角/(°)	方位角/(°)
0	0	15	90
1	50	18	92
2	100	22	95
3	180	24	101
4	260	29	106
5	320	35	112

注：钻孔 16ZK5 的孔口坐标为 $X = 2787107.99$；$Y = 472689.97$；$H(Z) = 107.03$。终孔深度为 352 m。铅锌矿体中心点孔深为 305 m，16 号勘查线剖面的方向线为 90°。

五、实习要求

（1）选择适当的比例尺，在 A4 规格的厘米纸上用图解法分别绘出天顶角校正后的钻孔中轴线（附计算数据，参照表 4-2）；

（2）使用法线投影法，对钻孔方位角进行校正，绘出校正后的钻孔中轴线并标明矿体中心点校正后的位置；

（3）根据钻孔测斜数据和课堂计算结果（现场拍照记录），课后利用 CAD 软件，在电脑上重画第二张图（1∶1000 或 1∶1 比例尺），并提交电子版，练习数字制图，为后续的实习和课程设计做准备；

（4）在剖面图下方的平面图上，绘出钻孔 16ZK5 孔口投影和见矿中心点投影；

（5）参考表 4-4 和表 4-5 的格式，根据实习资料，使用 Excel 软件计算钻孔 16ZK5 各控制点和矿体中心点的坐标，尝试在 CAD 中进行自动绘制剖面图和平面图。

表4-4　钻孔控制点投影计算表

计算孔段深度/m 上控制点	计算孔段深度/m 下控制点	控制距离/m l	原始钻孔测斜结果 深度/m	原始钻孔测斜结果 倾角/(°) β	原始钻孔测斜结果 方位角/(°) ω	剖面方位角/(°) ε	钻孔方位与剖面方位夹角/(°) $\varphi=\omega-\varepsilon$	l垂直分量/m Δz $\Delta z=l\sin\beta$	l水平分量/m OB $OB=l\cos\beta$	l沿剖面分量/m Δx $\Delta x=OB\cos\varphi$	l偏离剖面分量/m Δy $\Delta y=OB\sin\varphi$	上控制点坐标/m 高程 z $z_{i+1}=z_i+\Delta z$	上控制点坐标/m 距剖面起点距离 x $x_{i+1}=x_i+\Delta x$	上控制点坐标/m 偏离剖面距离 y $y_{i+1}=y_i+\Delta y$
0	60	60	0	73	90	90	0	57.38	17.54	17.54	0			
60	175	115	120	71	110	90	20	108.73	37.44	35.18	12.81			
175	290	115	230	51	119	90	29							
290	410	120	350	35	122	90	32							
	410 终孔													

表 4-5 钻孔分层点投影计算表

分层点		分层点至上控制点的距离/m	分层点所在孔段上控制点坐标/m				分层点所在孔段倾角	钻孔方位与剖面方位夹角	l 垂直分量/m	l 水平分量/m	l 沿剖面分量/m	l 偏离剖面分量/m	分层点坐标/m		
孔深	岩性		孔深	高程 z	距剖面起点距离 x	距剖面起点距离 y	β	$\varphi = \omega - \varepsilon$	Δz	OB	Δx	Δy	高程 z	距剖面起点距离 x	偏离剖面距离 y
									$\Delta z = l\sin\beta$	$OB = l\cos\beta$	$\Delta x = OB\cos\varphi$	$\Delta y = OB\sin\varphi$	$z_{i+1} = z_i + \Delta z$	$x_{i+1} = x_i + \Delta x$	$y_{i+1} = y_i + \Delta y$

实习五

岩芯钻探地质编录

🌐 一、实习目的和要求

实习目的：岩芯钻探地质编录是根据岩、矿芯(包括岩屑、岩粉)地质观察以及各种测量数据(孔斜测量、电测井等)，对观察过程及所揭示的地质现象进行真实、准确的记录。

本次实习的目的是要明确岩芯钻探地质编录的主要内容和要求。通过实际操作，掌握岩芯钻探地质编录的基本方法，特别是要掌握岩芯采取率和换层深度的计算方法。

实习要求：

(1)根据某钻孔原始资料计算各回次和各分层的岩芯采取率及换层深度，将计算结果填入附表5-1中，并对各分层岩芯进行仔细观察、描述和规范记录；

(2)按地质规范要求和地质编录成果，在CAD上绘制该钻孔柱状图(1∶100)一张。

🌐 二、实习材料准备

(1)附表5-2 ZK47-40钻孔原始记录片段及参数计算表；

(2)附表5-3 岩芯钻孔地质编录记录表；

(3)附图：某钻孔柱状图参考样图一张，dwg格式(1∶200)(见云盘)。

🌐 三、方法原理

在学习方法原理以前，先了解几个基本概念：

回次：指在钻孔施工中，每一次将钻具下至孔底进行钻进直至钻进完毕将钻具从孔内全部提出至地表，这样一个作业循环，称为一个回次。

回次进尺：指在一个回次内，在一个起下钻的循环时间内(包括纯钻进、起下钻、换钻头等)钻探或钻井所钻的深度。

钻孔开工后,地质编录人员在钻探现场的编录工作包括如下内容。

(一)根据钻探班报表检查孔深和进尺

设钻具总长为 L,机台高度为 P,主动钻杆的机上余尺为 c,则本回次孔深为 H_2 为:

$$H_2 = L - P - c \qquad (5-1)$$

本回次进尺 L_1 为本回次孔深 H_2 与上回次孔深 H_1 之差:

$$L_1 = H_2 - H_1 \qquad (5-2)$$

采取检查进尺累计孔深,根据钻具原始记录核对孔深,丈量钻具验证孔深或者使用其他方法检查钻孔深度。

(二)检查岩、矿芯和每回次记录岩芯牌(隔板)

对从岩芯管中取出的岩、矿芯按照规定进行整理、装箱(按顺序摆放避免有拉长和颠倒现象)和编号。检查的主要内容为:

(1)检查岩、矿芯的放置是否按自然顺序正确地摆放在岩芯箱内;

(2)岩芯编号是否符合规范及岩芯长度是否测量准确;

(3)仔细核对岩芯牌(隔板)上的数据是否与钻探台账上的原始记录保持一致。

(三)岩(矿)芯采取率计算

岩(矿)芯采取率是单位进尺的岩、矿芯的百分数,即某一孔段内所取得的岩芯长度与该段进尺长度之比的百分数。岩芯采取率一般按回次计算,称为回次采取率,以便准确确定岩芯在钻孔中的空间位置及换层孔深。按岩性分层计算的采取率称为分层采取率。

$$岩芯采取率 = \frac{岩芯长度(m)}{取芯孔段进尺(m)} \times 100\% \qquad (5-3)$$

$$回次采取率 = \frac{本次提取岩芯长}{本次进尺 - 本次孔底残余进尺 + 上次孔底残余进尺} \qquad (5-4)$$

$$分层采取率 = \frac{分层岩芯长(m)}{分层进尺(m)} \times 100\% \qquad (5-5)$$

分层岩芯长度由统计同一分层各回次同一岩性的岩芯长度获得。分层进尺则是该分层底的孔深与顶的孔深之差。

(四)换层孔深计算

从一个分层变换为下一个分层时称为"换层",换层时所处的钻孔深度称为换层孔深。换层孔深根据换层所处的位置不同,按回次内、回次间和空回次的换层三种情况计算。

(1)回次内换层孔深计算:

①在无残留岩芯的情况下,可按下式计算:

$$H = H_1 + \frac{l_m}{n} \qquad (5-6)$$

或

$$H = H_2 - \frac{l'_m}{n} \tag{5-7}$$

式中：H 为换层孔深；H_1 为上回次孔深；H_2 为本回次孔深；l_m 为换层处上段岩芯长；l'_m 为换层处下段岩芯长；n 为回次岩芯采取率。

②当有残留岩芯时，按下式计算，如图 5-1 所示：

$$H = H_2 - l_2 - \frac{l'_m}{n} \tag{5-8}$$

或

$$H = H_1 - l_1 + \frac{l_m}{n} \tag{5-9}$$

式中：l_1 为上一回次残留进尺；l_2 为本回次残留进尺；其余代号同前。

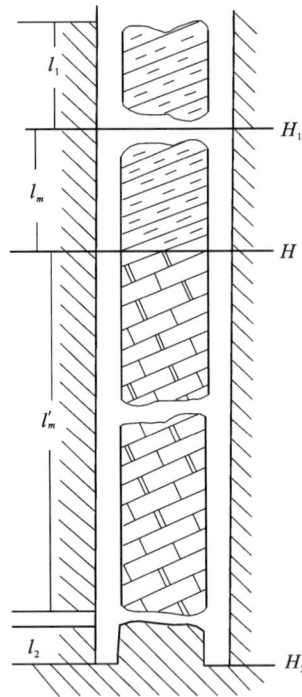

图 5-1 换层深度计算示意图

（2）回次间换层时，如无残留岩芯，换层孔深=上回次终止孔深，如图 5-2 所示。图 5-2 中，在 5 回次和 6 回次之间换层且 5 回次无残留岩芯时，换层深度=5 回次终止孔深=25 m。若 5 回次有残留岩芯 0.2 m，则换层孔深=5 回次终止孔深-5 回次残留岩芯长=25-0.2=24.8 m。

（3）空回次换层时，换层孔深=上回次终止孔深+空回次进尺的二分之一，也可以根据上下岩石的相对硬度、破碎情况确定合理比例，如图 5-3 所示。

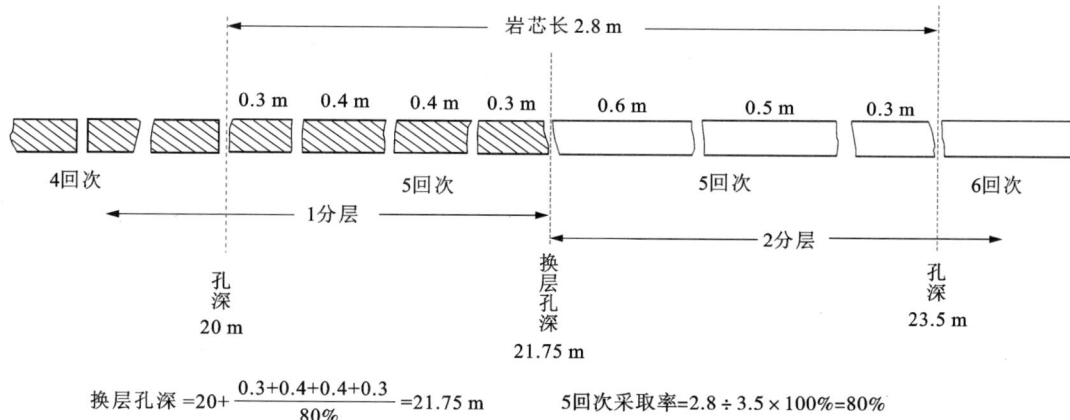

$$换层孔深 =20+ \frac{0.3+0.4+0.4+0.3}{80\%}=21.75\ m \qquad 5回次采取率=2.8 \div 3.5 \times 100\%=80\%$$

图 5-2　回次内换层孔深计算示意图

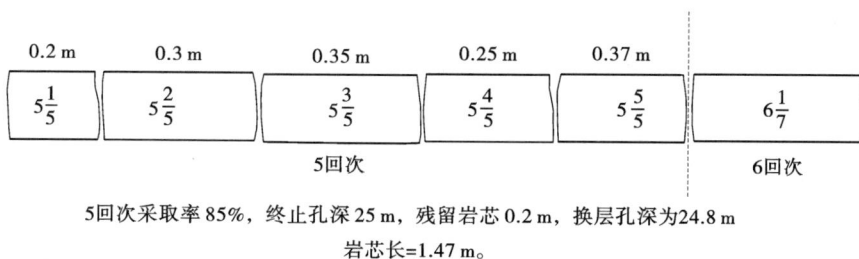

5回次采取率 85%，终止孔深 25 m，残留岩芯 0.2 m，换层孔深为 24.8 m
岩芯长 1.47 m。

图 5-3　两个回次间换层孔深计算示意图

（五）岩芯轴夹角测量

岩芯轴夹角是岩芯轴面与各种标志面（层面、断裂面、节理面、片理面等）的夹角。它是确定地层、矿层（体）、岩（矿）脉和地质构造的倾角，编制地质剖面图、计算地层和矿层真厚度的一项重要实测基础数据，应在钻探岩芯编录中逐层进行测量。岩芯轴夹角通常用量角器法进行测量（图 5-4），也可以通过测量标志面椭圆的长短轴和岩芯直径经计算得到。

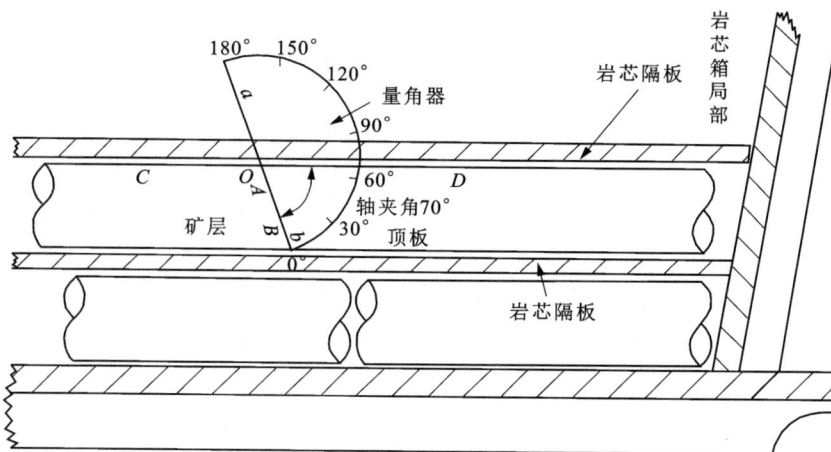

图 5-4　测量岩芯轴夹角示意图

用计算法计算岩芯轴夹角的原理如下：

如图 5-5 所示，岩芯是圆柱体，任意倾角的平面与其交切，得到的切面为椭圆。椭圆的长、短轴分别为 d_1 和 d_2。轴心夹角 α 是椭圆长轴 d_1 与岩芯轴的夹角，于是有：

$$\sin \alpha = d/d_1 \tag{5-10}$$

由于 d 是垂直于岩芯轴的圆的直径，可以证明 $d = d_2$，于是得：

$$\sin \alpha = d_2/d_1 \tag{5-11}$$

$$\alpha = \arcsin(d_2/d_1) \quad (0 < \alpha < \pi) \tag{5-12}$$

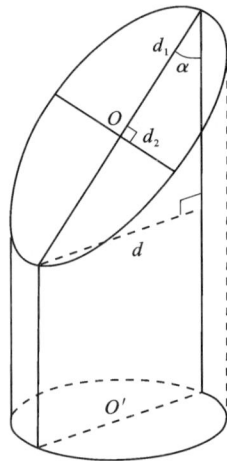

图 5-5　轴夹角示意图

（六）填写钻孔野外记录表

钻孔野外记录表是最原始的钻孔编录资料，主要内容包括：各钻进回次的进尺及其岩矿芯采取率；换层孔深；按分层记录的岩性及其采集标本的编号；岩石硬度等级；简易水文地质观测，主要有钻孔水位及耗水量的记录和钻进中发现的孔内情况，如泛水、漏水、掉块等记录。

（七）地质描述

地质描述应在仔细观察岩、矿芯的基础上进行，主要观察岩、矿芯中的矿层（矿化层）及顶、底板，矿化蚀变带、构造部位及分层界线等，一般以一个分层为单元给岩矿石定名，观察及描述的主要内容包括：

岩石特征：岩石颜色（原生色和风化色）、构造（层状、片状、板状、流纹状、条带状等）、结构、矿物成分、风化特征（氧化带、混合带和原生带）及其他物理性质（光泽、断口、硬度、相对密度）等。

蚀变特征：蚀变岩石类型、蚀变带中蚀变矿物的变化、蚀变带与矿（化）体和构造（断裂、韧性剪切带、岩浆侵入接触带等）的空间关系。

矿化特征：矿化的类型、矿石特征、矿层、矿层与顶、底板围岩的接触关系、产状（测量矿层顶底板界面岩芯轴夹角)等。

次生构造断裂、褶皱、节理、劈理、破碎带的特征、类型、产状以及与矿(化)体、蚀变体的空间关系。后沉积作用构造如结核、瘤块、裂隙充填形成的岩墙也要认真观察描述。

古生物及遗迹化石:观察和描述古生物、古生物遗迹化石产出层位,化石种类,分布特征及与成矿的关系(如礁灰岩)等。在观察岩芯时,对一些有特殊意义的地质现象要作大比例尺素描图或照相、录像。

(八)修改钻孔预想柱状图

地质编录人员应根据所取得的实际资料,及时对钻孔地质技术设计书中的预想柱状图进行修改,并根据新资料推测未钻的下段地质情况,以利于及时修改钻孔地质设计,尤其是钻孔设计孔深,更好地指导钻探施工,提高钻孔见矿率和经济效果。

(九)检查孔深验证、孔斜测量、简易水文观测

按设计要求检查孔深验证、孔斜测量、简易水文观测等工作。

丈量钻具验证孔深的工作应按一定的深度及时进行,特别是在见到矿体和重要标志层以及下套管前、后。孔深允许误差为1/1000,误差小于此数可直接修正记录孔深,大于此数则应进行合理平差。

地质编录人员要注意检查钻孔施工是否根据设计要求及时地进行了孔斜测量以及测量结果是否符合设计要求。如果孔斜超过了设计要求应及时采取纠斜的措施并在以后的施工中采取防斜措施。

简易水文观测是岩芯钻探工作的重要内容之一,其目的是获取划分含水层和相对隔水层的位置、厚度等资料,并初步了解含水层的水位。在钻孔地质设计中规定要进行简易水文观测的钻孔不能用泥浆钻进。钻探地质编录人员的主要任务是看钻探原始班报表中是否对简易水文观测的内容做了全面、认真的填写,特别是所记录的静止水位是否真的是在水位静止时所做的记录(附表5-1)。

(十)终孔验收和小结

岩石钻探在达到预计目的之后,停止工作之前,对完工的钻孔必须进行终孔现场验收:检查钻孔任务及其完成程度、钻探质量等,合格后,方可结束工作。验收工作由施工单位、地质单位的技术人员和有关领导一起进行,同时还应作地质小结。其内容主要有:钻孔设计的目的和施工结果;钻孔质量评述;主要地质成果和对地质矿产的新认识和经验教训等。

(十一)封孔、立标

钻孔结钻后,根据各个矿区的具体情况,有的需要封孔。封孔前应提交封孔设计,明确封孔的孔段及技术要求。封孔的质量要抽查。

施工结束,在孔口的位置立标,标明钻孔的孔号、施工日期和单位。标志可以用混凝土或石材制作。其他具体要求请参考规范《固体矿产勘查原始地质编录规程》(DZ/T0078—2015)。

四、实习步骤

（1）仔细阅读"方法原理"部分的内容，对岩芯钻探地质编录有全面的了解。

（2）实际编录岩芯，其步骤为：

①仔细观察岩芯，根据岩石、矿石特征将其分层，在有两种（或两种以上）不同岩性的回次，丈量不同岩性的岩芯长度 m_1、m_2；

②将岩芯牌上的原始数据填入附表 5-2 中；

③计算回次岩芯采取率；

④计算换层孔深；

⑤计算分层岩芯采取率；

⑥测量或计算轴心夹角；

⑦分层描述各层的岩性、构造和矿化等现象及其变化情况；

⑧按比例尺绘钻孔柱状图。

五、附表及附图

附表 5-1 简易水文观测表；

附表 5-2 ZK47-40 钻孔原始记录片段及参数计算表；

附表 5-3 岩芯钻孔地质编录记录表；

附图：某钻孔柱状图参考样图一张，dwg 格式（1∶200）（见云盘）。

附表 5-1　简易水文观测表

工程名称	ZK47-54
观测项目	井深或数量
静止水位	225.58 m
漏水位置	208.36~530.54 m；635.68~700.80 m
涌水量	
动水位	

附表5-2　ZK47-40钻孔原始记录片段及参数计算表

回次	回次进尺/m			岩芯采取				分层情况				钻孔柱状图(1:100)	岩性描述
	起始孔深/m	终止孔深/m	进尺/m	岩矿芯长/m	残留岩芯/m	回次采取率/%	累计岩芯长/m	分层号	分层厚度/m	换层孔深/m	分层采取率/%		
114	295.02	298.03	3.01	3.00			287.24	33					灰黑色厚层状含泥质条带灰岩
115	298.03	301.04	3.01	3.00			290.24	33					
116	301.04	304.03	2.99	1.32			291.56	33		302.36			
				1.67			293.23	34					厚层含磁黄铁矿灰岩
117	304.03	307.03	3.00	2.66			295.89	34		306.69			
				0.34			296.23	35					灰黑色薄层状泥质粉砂岩夹少量薄层状灰岩
118	307.03	310.03	3.00	3.00			299.23	35					
119	310.03	313.03	3.00	3.00			302.23	35					
120	313.03	316.04	3.01	3.00			305.23	35					
121	316.04	319.05	3.01	3.00			308.23	35					
122	319.05	322.07	3.02	2.11			310.34	35		321.16			
				0.89			311.23	36					断层破碎带
123	322.07	324.52	3.00	2.45			313.68	36		324.52			
				0.55			314.23	37					褐黑色薄层状粉砂质泥岩
124	325.07	328.08	3.01	3.00			317.23	37					
125	328.08	328.83	3.02	0.75			317.98	37		328.83			
				2.25			320.23	38					断层破碎带
126	331.10	333.78	3.02	2.68			322.91	38		333.78			
				0.32			323.23	39					褐黑色薄层状粉砂质泥岩
127	334.12	337.13	3.01	3.00			326.23	39					
128	337.13	334.48	3.00	0.35			326.58	39		334.48			
				2.65			329.23	40					灰黑色薄层状泥质条带灰岩
129	340.13	342.98	2.85	2.85			332.08	40					
130	342.98	345.74	2.76	2.76			334.84	40					
131	345.74	348.20	2.71	2.46			337.30	40		348.20			
				0.25			337.55	41					断层破碎带
132	348.45	349.71	2.68	0.78	0.1		338.33	41		349.71			
				1.32			339.65	42					厚层状泥质条带灰岩
133	351.13	353.99	2.86	2.95			342.6	42					

附表 5-3　岩芯钻孔地质编录记录表

回次	回次进尺/m		进尺/m	岩芯采取				分层情况				轴心夹角/(°)	钻孔柱状图(1:200)	岩性描述
	起始孔深/m	终止孔深/m		岩矿芯长/m	残留岩芯/m	回次采取率/%	累计岩芯长/m	分层号	分层厚度/m	换层孔深/m	分层采取率/%			
1	2	3	4	5	6	7	8	9	10	11	12	13	14	15

实习六

勘查线地质剖面图编绘

一、实习目的和要求

实习目的：根据矿床地形地质及工程分布图（1∶1000）、勘查线上各钻孔的柱状图（1∶200）等资料，掌握根据勘查工程的直接资料编绘勘查线地质剖面图的技术方法。

实习要求：在 CAD 上完成矿床 21 号线勘查线地质剖面图（1∶1000）的编绘。

二、实习材料准备

（1）附图 6-1 舍所坝铅锌矿地形地质平面图，dwg 格式（1∶1000）（见云盘）；

（2）附图 6-2 ZK21-13 钻孔柱状图，dwg 格式（1∶200）（见云盘）；

（3）附图 6-3 ZK21-17 钻孔柱状图，dwg 格式（1∶200）（见云盘）；

（4）附图 6-4 ZK21-21 钻孔柱状图，dwg 格式（1∶200）（见云盘）；

（5）附图 6-5 ZK21-24 钻孔柱状图，dwg 格式（1∶200）（见云盘）；

（6）附图 6-6 ZK21-26 钻孔柱状图，dwg 格式（1∶200）（见云盘）；

（7）附图 6-7 19 号勘查线地质剖面图参考样图，dwg 格式（1∶1000）（见云盘）。

三、实习步骤

（1）仔细研读实习材料，熟悉根据勘查工程的直接资料编制勘查线地质剖面图的技术方法；

（2）基于实习材料，在 CAD 中根据实习要求和地质规范编制勘查线地质剖面图（1∶1000）。

四、方法简述

勘查线剖面图为矿体的垂直截面图件，又称垂直断面图，一般是垂直矿体平均走向，表明沿矿体倾斜方向地质构造和矿体质量特征的基本图件。它是依据沿勘查线地表剖面测量和勘查工程全部资料综合编制而成的。勘查线剖面图是地质勘查最基本的图件之一，在使用断面法进行资源储量估算时，可用来确定资源储量计算的有关参数，是断面法估算资源储量的必要图件，也是编制其他综合图件的依据。勘查线剖面图的比例尺一般为 1∶500 或 1∶1000。

图上的主要内容有：坐标线和标高线、剖面地形线及方位、各种勘查工程位置及编号、钻孔孔深及矿芯采取率、采样位置及编号、各种地质界线及产状、矿体编号、矿体内各种矿石类型以及原生带、氧化带的界线等。用于估算资源储量的勘查线剖面图还应有各种品级矿石和各类资源储量的分界线、各块段面积的编号及其面积和平均品位。在勘查线剖面图的下方还应绘出相应的勘查线平面图，以反映勘查工程偏离勘查线的情况。图的一侧或下方应附有样品化验分析结果表。

本次实习采用剖面内(近)各种勘查工程的直接资料来编制勘查线地质剖面图，即根据剖面的地表露头及勘查工程资料编制。

为了将勘查工程的空间准确定位，就必须对工程用仪器法进行准确测量。根据测量成果，将工程标绘在具有坐标网格的剖面上。由于钻探工程不可能严格地沿着剖面施工，这就有必要将略微偏离剖面的工程地质资料投影到剖面图上。最后，根据地质体在空间展布的客观规律，将在各个工程或露头上见到的孤立现象加以综合、连接。如果剖面图作为资源储量估算用图，则图上应有根据资源类别不同和资源品级不同而进行地质块段划分的内容。在勘查线地质剖面图上，要表现工程偏离剖面的情况，必须附有相应平面图。勘查线剖面图应重点突出矿体的质量和空间展布特征，故反映矿体质量的化验分析结果表则是必要资料，要附在图的适当位置。据上所述，将剖面图编绘的步骤分述如下：

(1)首先在 CAD 或图纸上绘制坐标线，勘查线剖面图采用高程 h 及 x 或 y 坐标的矩形坐标网。垂直坐标根据地质体产出的标高，按一定的高差画出水平线(图面上每隔 10 cm 绘制水平标高刻度线)；水平坐标(x 或者 y)，一般选择剖面线与坐标线交角大于 45°的一组，即选择与剖面线相交截距最短的坐标线，并标注在图上。如图 6-1(a)所示选择 x 坐标。

单位距离 Δx 或 Δy(例如勘查线线距 100 m)所截的剖面线长度 Δl，可以根据剖面两端点的坐标计算得到。下面以 y 坐标为例加以说明。

令剖面两端点为 $A(x_A, y_A, h_A)$、$B(x_B, y_B, h_B)$，坐标线与剖面线的夹角为 α，则有：

$$\tan \alpha = (y_B - y_A)/(x_B - x_A)$$

即

$$\alpha = \arctan\left[(y_B - y_A)/(x_B - x_A)\right] \quad (0 \leqslant \alpha \leqslant \pi/2) \tag{式 6-1}$$

此时，在剖面图上两个相距为 Δy 点的距离 Δl，可用下式计算：

$$\Delta l = \Delta y / \sin \alpha \tag{式 6-2}$$

(2)地表地形地界线的绘制。以坐标线为基线将地形的转换点、地质界线点绘到剖面上，然后用圆滑曲线将这些地形点连接起来即得到地形线，地质界线则按地表产状适当下延，并在地形线下方按地质规范充填图标岩石花纹和标注地层代号（本次实习不作要求），如图 6-1(b)所示。

（3）勘查工程的绘制。以坐标线为基线，根据测量成果将探槽、坑道和钻孔等勘查工程位置（或在勘查线上的投影位置）绘在剖面上，如图 6-1(b)所示。

地表勘查工程在剖面上定位步骤：①先根据剖面端点的测量资料，将剖面两端点标到剖面图上；②再根据剖面地表测量成果，将地表资料按距剖面起点 A 或终点 B（基点）沿勘查线的相对距离标到剖面图上；③根据工程测量成果标绘勘查工程位置，若勘查工程偏离勘查线，则需要将工程位置对勘查线投影，假如勘查工程 ZK5 偏离勘查线剖面，则从 ZK5 孔口中心向勘查线剖面线投影，然后将投影的位置标绘到剖面图上；④标注勘查工程的编号、采样位置和样品号。

地下工程在剖面上的定位：如果穿脉等勘查工程沿勘查线剖面施工，则直接按测量成果在剖面上标绘；如果偏离剖面则用和地表工程一样的方法将工程投影到剖面上。地下勘查工程地质资料的标绘：坑探工程是将工程原始地质纪录缩成与剖面图相同的比例尺绘在图上，钻孔则根据岩芯地质编录资料直接投影到剖面上；标注工程编号、采样位置及样品号。

钻探工程应按地质规范要求在钻孔轴迹线一侧充填国标岩石花纹和标注地层代号（本次实习不作要求）。

(4)地质界线的绘制。依据各种勘查工程原始编录资料，将各种地质界线点按比例尺缩绘到相应的位置上，且要按照地质规范要求标注其产状、取样位置和样品编号，如图 6-1(c)所示。在 CAD 中可以 1：1 的比例按实际距离绘制。

（5）地质界线及矿体边界的连接：在综合分析、研究和合理推断的基础上，根据地质体在空间展布的客观规律，连接工程间的岩层界线、矿体边界和断层等构造界线。为了使界线连接正确、合理，每一剖面绘制过程中要注意相邻剖面联系对比，使地质界线标绘合理，如图 6-1(d)所示。

（6）如果剖面作为资源储量估算图件，则应在圈定的矿体内划分出各种矿石类型、各种资源储量类别的界线，标注矿体编号、各类别资源储量块段的编号和面积以及块段的平均品位、矿石量等信息。

（7）用投影法在图下边绘出勘查线平面图，在其一侧按不同工程编制分析结果表。最后写上图名、比例尺，绘好图例与图签。

🌀 五、实习内容

根据提供的资料编制舍所坝铅锌矿床 21 号勘查线地质剖面图，图件的比例尺为 1：1000。舍所坝铅锌矿实为白牛厂铅锌银矿的西延部分，有独立的探矿权，矿体特征与白牛厂铅锌银矿基本一致，可参考实习八中实习材料的相关内容。

🌀 六、实习步骤

(1)在 CAD 中，根据表 6-1 的数据，将 21 号勘查线剖面起点 A、终点 B 及钻孔 ZK21-13、

ZK21-17、ZK21-21、ZK21-24、ZK21-26 的孔口投点定位到舍所坝铅锌矿地质简图上(图6-2,电子高清大图附有地形线,此处略)。

(2)在CAD/厘米纸上建立坐标网。纵坐标为高程,每隔100 m(厘米纸上画10 cm,勘查线剖面图比例尺为1:1000)画一条水平线(CAD上按1:1画水平线),横坐标为 x 坐标,两条坐标线的间距可通过前式计算得到,也可以在舍所坝铅锌矿地形地质平面图.dwg上直接测量换算取得。

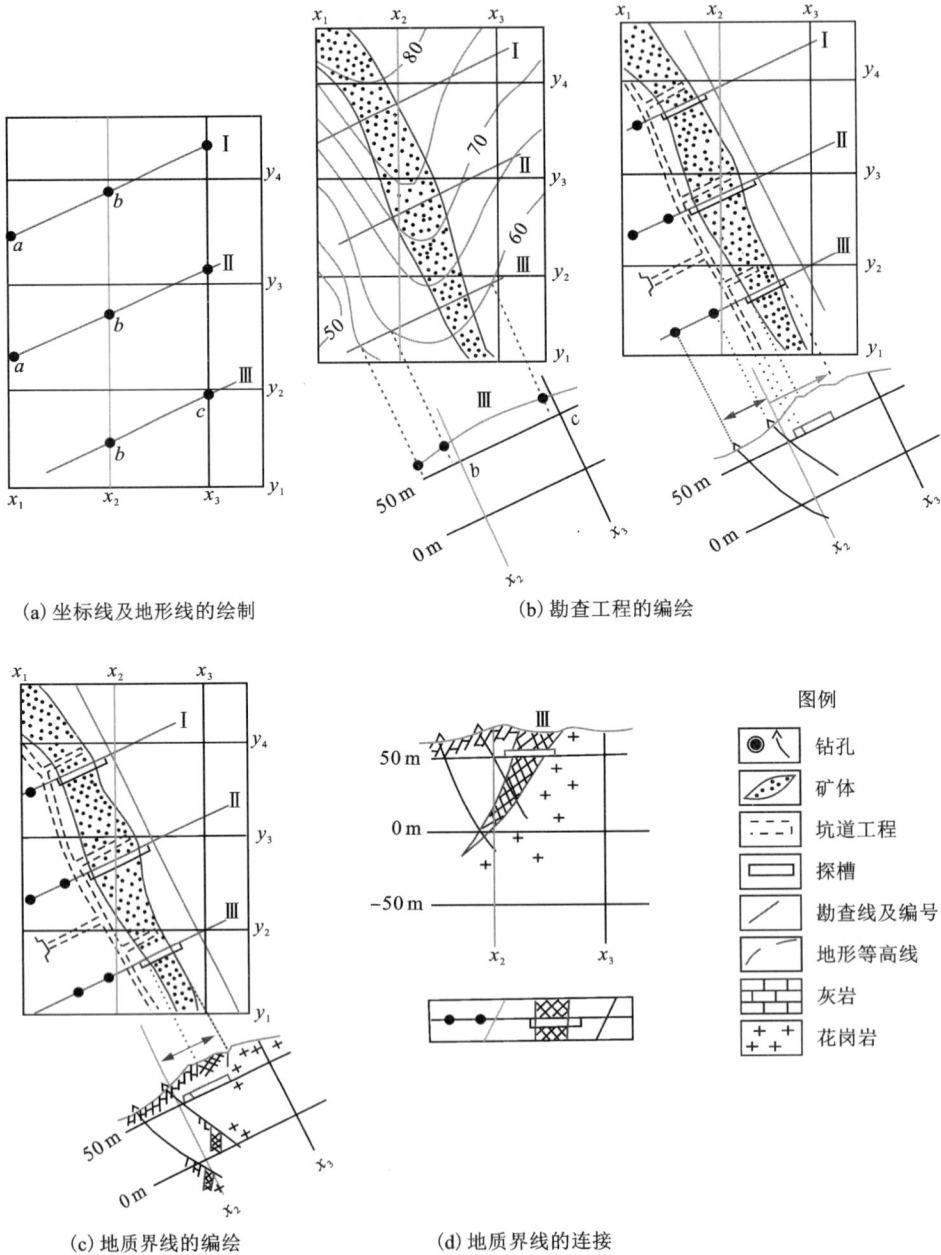

(a)坐标线及地形线的绘制　　　　　　(b)勘查工程的编绘

(c)地质界线的编绘　　　　　　(d)地质界线的连接

图例

	钻孔
	矿体
	坑道工程
	探槽
	勘查线及编号
	地形等高线
	灰岩
	花岗岩

图6-1　勘查线剖面地质图的编绘方法

（3）投剖面起、止点 A、B。传统的做法是在配有坐标网格的厘米纸上，根据表6-1所提供的坐标值投图，注意高程可直接投图，而起点 A、终点 B 的 x 坐标则需要按式（6-2）换算后投点，例如，以某 x 坐标线为基准，剖面起点 A 的 x 坐标与基准 x 坐标线的坐标差为 Δx，则在勘查线剖面图起点 A 偏离基准 x 坐标线的长度为 $\Delta l = \Delta x / \sin \alpha$。

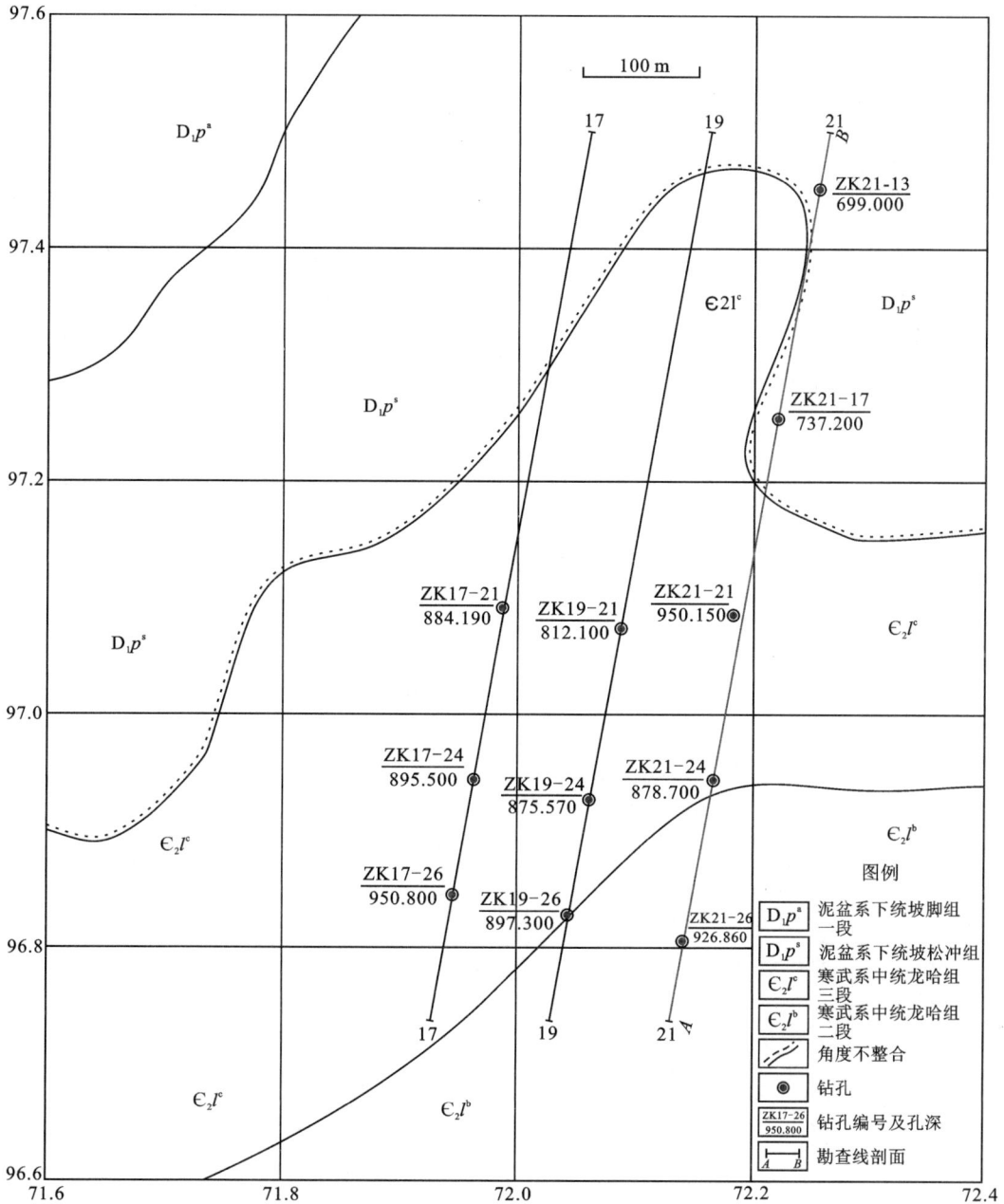

图6-2　舍所坝铅锌矿地质简图

在 CAD 中，打开第一步完成的舍所坝铅锌矿地形地质平面图，以某 x 坐标线为基准，直接测量 A、B 两点距离此 x 坐标线的长度，再根据比例尺大小求得两点距离此 x 坐标线的实际距离，最后在勘查线剖面图上投点。

（4）根据表 6-2 剖面测量的结果（本次实习根据舍所坝铅锌矿地形地质平面图.dwg 资料，地质点和地表地质界线点应用 CAD 测量取得），将地形点和地表地质界线点投到勘查线剖面图上，然后将地形线连起来。

（5）根据表 6-1 和表 6-3 资料，将所有钻孔的孔口、钻孔轴迹和地质界线等资料绘上。所有钻孔都是直孔，施工质量良好，没有发生偏斜。

（6）参考矿区的 19 号勘查线地质剖面图参考样图，在 21 号勘查线剖面图上连接矿体界线及地质界线，并按地质规范要求进行标注，在钻孔轴迹线一侧根据岩石类型填充国标岩石花纹，本次实习不作要求。

（7）在剖面图的下方绘制平面图，平面图为宽 4 cm（1∶1000）的矩形，中间为勘查线。要求标注钻孔孔口、x 坐标轴、地质界线、地层代号和地表构造。

（8）图件整饰，写上图名、比例尺、图例、责任签。剖面方位为 10°。本次实习勘查工程取样化学分析结果表可以略去。

表 6-1　21 号勘查线剖面工程测量结果表

工程号或点号	北坐标 x	东坐标 y	高程 h/m
剖面起点 A	2596736.985	372129.629	2023.450
剖面终点 B	2597500.331	372263.715	1918.000
ZK21-13 孔口	2597451.000	372255.000	1925.000
ZK21-17 孔口	2597254.000	372220.000	1965.000
ZK21-21 孔口	2597085.716	372182.397	1962.829
ZK21-24 孔口	2596943.500	2596943.500	2005.000
ZK21-26 孔口	2596805.811	372140.322	2002.717

表 6-2　剖面 A-B 导线测量结果表

距起点 A 的水平距离/m	高程/m	点的性质
0	2023.450	起点 A
31.300	2015.730	地形点
69.638	2002.717	ZK21-26 孔口投影点
85.387	2007.650	地形点
196.388	2006.150	$\epsilon_2 l^b$ 与 $\epsilon_2 l^c$ 的地质界线点
209.659	2005.000	ZK21-24 孔口
352.600	1962.829	ZK21-21 孔口

续表6-2

距起点 A 的水平距离/m	高程/m	点的性质
414.248	1974.220	地形点
459.110	1961.050	$\in_2 l^c$ 与 $D_1 p^s$ 的地质界线点
524.853	1965.000	ZK21-17 孔口投影点
724.939	1925.000	ZK21-13 孔口投影点
775.033	1918.000	终点 B

以剖面起点 A 作为基准点，剖面方位为 $10°$。

表6-3　钻孔地质情况表

钻孔分层孔深/m

ZK21-13	代号	ZK21-17	代号	ZK21-21	代号	ZK21-24	代号	ZK21-26	代号
0		0		0		0		0	
3.6	Q	62.99	Q	14.11	Q	5.2	Q	11.86	Q
34.68	F	112.8	$\in_2 l^c$	23.07	$\in_2 l^c$	242.41	$\in_2 l^b$	33.26	F
38.1	$D_1 ps$	206.7	$\in_2 l^b$	229.1	$\in_2 l^b$	832.7	$\in_2 l^c$	156.14	$\in_2 l^b$
85.7	$\in_2 l^c$	229.97	F	546.81	$\in_2 l^a$	836.45	V3	538.76	$\in_2 l^a$
169.7	$\in_2 l^b$	245.52	$\in_2 l^a$	739.26	$\in_2 l^c$	841.7	$\in_2 l^c$	871.86	$\in_2 l^c$
397.7	$\in_2 l^a$	272.6	F	751.49	F3	843.6	F3	872.86	V3
672.59	$\in_2 l^c$	507.61	$\in_2 l^a$	765.92	V1	857.7	V1	882.41	$\in_2 l^c$
675.39	F	668.89	$\in_2 l^c$	784.35	$\in_2 l^c$	863.3	$\in_2 l^c$	898.46	V1
676.59	$\in_2 l^c$	674.56	F	785.23	V2	868.2	V2	911.29	$\in_2 l^c$
686.99	F3	676.16	$\in_2 l^c$	950.15	$\in_2 l^c$	878.7	$\in_2 l^c$	913.29	F3
688.16	V1	691.61	V1					919.86	V2
699.00	$\in_2 l^c$	737.2	$\in_2 l^c$					926.86	$\in_2 l^c$

岩性地层代号主要有下面几种：Q—第四系；$D_1 ps$—泥盆系下统坡松冲组；$\in_2 l^c$—寒武系中统龙哈组三段；$\in_2 l^b$—寒武系中统龙哈组二段；$\in_2 l^a$—寒武系中统龙哈组一段；F/F3—断裂破碎带；V1—V1 矿体；V2—V2 矿体；V3—V3 矿体。各分层具体岩性特征可参照钻孔柱状图。

七、编图时应注意的问题

（1）各种地质界线的连接，必须合乎地质规律，有勘查工程控制的地质界线用实线连接，推断部分用虚线表示。

（2）连接的地质界线，应与相应的原始资料相吻合，控制点之间可以根据地质规律合理推断，但控制点不能移动，个别控制点无法合理连接时，要重新系统检查原始资料。发现问题时需要到现场根据实际情况纠正，绝不允许在室内主观臆断，随意更改原始资料。

（3）位于剖面线近侧的工程、视需要可将其位置投影到剖面线上，但必须注明偏离的距离。

八、附图

（1）附图 6-1 舍所坝铅锌矿地形地质平面图，dwg 格式（1∶1000）（见云盘）；

（2）附图 6-2 ZK21-13 钻孔柱状图，dwg 格式（1∶200）（见云盘）；

（3）附图 6-3 ZK21-17 钻孔柱状图，dwg 格式（1∶200）（见云盘）；

（4）附图 6-4 ZK21-21 钻孔柱状图，dwg 格式（1∶200）（见云盘）；

（5）附图 6-5 ZK21-24 钻孔柱状图，dwg 格式（1∶200）（见云盘）；

（6）附图 6-6 ZK21-26 钻孔柱状图，dwg 格式（1∶200）（见云盘）；

（7）附图 6-7 19 号勘查线地质剖面图参考样图，dwg 格式（1∶1000）（见云盘）。

实习七

矿体的圈定和连接

一、实习目的和要求

实习目的：通过本实习掌握矿产工业指标的内涵、作用和经济意义，掌握根据矿产工业指标、矿体地质特征和地质规范圈定和连接矿体的方法与程序，提高数字化制图能力。

实习要求：根据舍所坝铅锌矿 21 号勘查线上的相关钻孔柱状图（dwg 格式）中的样品分析结果和样品实际位置、矿产工业指标及地质规范，在 21 号勘查线剖面图底图（dwg 格式）上圈定和连接矿体，以样长为权重用加权法计算单工程矿体平均品位和计算矿体真厚度（表 7-3），完成矿体圈连和标注后提交整饰好的 21 号勘查线剖面图（dwg 格式）。

二、实习材料准备

（1）附图 7-1 ZK21-13 钻孔柱状图，dwg 格式（1∶200）（见云盘）；
（2）附图 7-2 ZK21-17 钻孔柱状图，dwg 格式（1∶200）（见云盘）；
（3）附图 7-3 ZK21-21 钻孔柱状图，dwg 格式（1∶200）（见云盘）；
（4）附图 7-4 ZK21-24 钻孔柱状图，dwg 格式（1∶200）（见云盘）；
（5）附图 7-5 ZK21-26 钻孔柱状图，dwg 格式（1∶200）（见云盘）；
（6）附图 7-6 21 号勘查线剖面图底图，dwg 格式（1∶1000）（见云盘）；
（7）附图 7-7 19 号勘查线剖面参考样图，dwg 格式（1∶1000）（见云盘）。

三、方法原理

圈定矿体就是要确定矿体的边界线，按照边界线的性质常分为可采边界线、资源储量类别边界线、矿石类型和品级边界线等。本次实习在勘查线剖面上圈定的是矿体的可采边界线。

可采边界线是根据最低工业品位和最小可采厚度或最低工业米·百分值等矿产工业指标

所确定的基点的连线，由此边界线圈定的矿产资源量在当前一般是经济的，但未作预可行性研究报告或可行性研究报告。根据边界品位圈定和连接暂不能开采边界线或低品位矿体边界线，此线与可采边界线之间为当前暂不能开采、没有经济性的资源量。

矿体边界线的圈定一般是在平面图、剖面图或纵投影图上进行的，根据原始地质编录和化学分析资料，以矿产工业指标为标准，结合矿体地质特征、勘查工程间距以及见矿等方面因素全面考虑进行的。先在单个工程内圈定矿体，然后再根据所有见矿工程，在剖面图、中段地质图或纵投影图沿矿体走向或倾向圈定和连接矿体。

矿体圈定和连接应符合地质规律，矿体与地质体的关系应符合地质认识。矿体圈定和连接时，应先连地质界线，再根据主要控矿地质特征、标志层特征连接矿体。通常应采用直线连接，在充分掌握矿体的形态特征时，也可采用自然曲线连接。无论采用何种方式连接，工程间圈连的矿体厚度不应大于工程控制矿体的实际厚度。

矿体圈定应从单工程开始，按照单工程→剖面→平面或三维矿体顺序，依次圈连。对于厚大且连片的低品位矿应单独圈出。矿体内不同类型（品级）的矿石，可能分采分选时，应分别圈出。

本次实习矿体圈定和连接原则：

根据《矿产地质勘查规范 铜、铅、锌、银、镍、钼》（DZ/T 0214—2020）要求，按确定的工业指标圈定和连接矿体。由于矿区为铅、锌、银多金属矿床，考虑到矿床特殊性，矿体连接采用混合法圈定矿体，即取样段铅、锌、银等元素的其中一个元素品位达工业指标要求则圈为矿体。

（1）首先依据原始资料及地质规律在勘查线剖面图及纵剖面图上连接地质体，然后根据矿床地质特征、成矿控制因素、矿化规律以及勘查工程控制情况，按照工业指标进行圈定和连接矿体。

（2）因铅、锌、银为同体共生矿，其有用组分无法分采，为最大程度合理利用资源，采用混合圈定矿体的原则（简称混圈），在见矿单工程中从铅、锌、银任一个元素分析结果等于或大于边界品位的样品起圈入矿体。

（3）单工程矿体中将连续厚度大于或等于夹石剔除厚度的无矿样品作为夹石单独圈出；圈定工业矿体时，对夹在矿体中厚度小于夹石剔除厚度且分布零星难以分采的低品位矿或夹石，无须单独圈出；顶或底允许带入一件低品位矿样品，但必须保证包括不可剔除的夹石在内时，至少有一种组分在单工程和块段平均品位中大于或等于最低工业品位。

（4）为使矿体连接连续，当矿体厚度小于最低可采厚度而品位较高时，其厚度与品位的乘积达到最低工业米·百分值（米·克/吨值）指标时，可圈为矿体。

（5）工业矿体边部或内部有厚大且成片分布的低品位矿石时，应单独圈出，但首先要满足工业矿体的成片、成带连接，保持工业矿体的完整性。

（6）矿体用自然曲线连接，夹石尖灭于相邻工程间距的1/2。

四、实习步骤

1. 熟悉资料

熟悉资料，了解矿床地质特征及矿床勘查工程情况，尤其是相邻勘查线的矿体圈定情况。

2. 熟悉指标及要求

熟悉该矿床所采用的矿产工业指标(表7-1)及矿体圈定的具体要求。

表7-1 舍所坝铅锌矿的工业指标

矿种	边界品位			最低工业品位			最小可采厚度/m	最大夹石厚度/m
	Pb/%	Zn/%	Ag/(g·t⁻¹)	Pb/%	Zn/%	Ag/(g·t⁻¹)		
铅锌银	0.3	0.5	40	0.7	1.0	80	1.00	3.00

3. 单个工程中矿体边界点的确定

(1)根据工业指标中的边界品位,分别在表7-2和21号勘查线剖面图底图上确定单个工程中矿体的上、下盘线基点,也就是矿与非矿的分界点。

(2)根据工业指标中的最大允许夹石厚度(夹石剔除厚度),处理单个工程中两见矿矿段之间小于边界品位的样品(提示:若其厚度等于或小于最大夹石厚度则合并于矿体中不用剔除,参与资源量估算;若其厚度大于最大夹石允许厚度则作为夹石予以剔除,即无矿的天窗,不能参加矿产资源量的估算)。

(3)根据工业指标中的最低工业品位和最小可采厚度,确定矿体的可采界线点(提示:参考表7-2,以样长为权重用加权法计算各个工程中矿体的单工程平均品位和矿体真厚度,将大于最低工业品位和最小可采厚度的部分划分为工业矿体)。

4. 剖面上矿体边界线的圈定

(1)见矿勘查工程之间矿体边界线的连接。首先将已确定的相邻勘查工程中对应的矿体上、下盘边界点依次相连接,即得到矿体的边界线。

(2)矿体内插。如果相邻两个工程一个见到工业矿体,而另一个虽然见到矿化,但未达到工业要求。此时,经济矿体的尖灭点必定在两个工程之间,可以分成两种情况处理。

①当矿体的厚度或品位呈规律性变化时,可采用厚度或品位的内插法或自然尖灭法求得最低可采厚度或最低工业品位的空间位置并加以连接。

②当矿体的厚度或品位的变化无规律可循时,可以用两个工程间的中点,作为工业矿体边界线的位置。

(3)矿体外推。有两种情况:一个工程见矿,而另一个工程未见矿;或外面没有工程控制,这时应进行矿体边界线的外推,前者称为有限外推,后者称为无限外推。

矿体外推应合理,变化趋势明显时按变化趋势外推矿体边界,变化趋势不明显或不清时沿矿体延伸方向外推矿体边界。外推数量一般可沿矿体走向或倾斜的实际距离尖推(三角形外推、锥推和楔推)或平推(矩形外推和板推),具体要求可参考相关最新地质规范。一般可用如下方法进行处理:

①根据矿床地质特征和矿体形态变化的趋势,用自然尖灭法处理。

②根据勘查工程的正常网度,用外推1/2、1/3或1/4尖灭处理。本次实习无限外推根据

矿体产状趋势用勘查工程正常网度的 1/2 尖灭处理，有限外推根据矿体产状趋势用勘查工程正常网度的 1/3 尖灭处理。

③根据控矿地质构造的特征进行外推。

④根据物化探资料解译成果进行外推。

⑤根据已揭露部分矿体规模大小进行合理外推。

当品位较高，但厚度达不到最小可采厚度时，用最低工业米·百分值来衡量。

🍀 五、实习材料

本次实习的舍所坝铅锌矿实为白牛厂铅锌银矿主矿体的西延部分，在其东侧依次为咪尾矿段、白羊矿段、穿心洞矿段、对门山矿段和阿尾矿段，经过多年的详查、勘探和开采，对主矿体有着很高的控制程度和研究程度。

V1 矿体的西延部分由 21 个钻孔控制，分布于 13 ~ 37 号勘探线标高 1028.33 m 至 1593.21 m 间，矿体沿走向向东与咪尾矿段 V1 矿体相连，向西尖灭于 13 号勘探线，倾向延深亦呈尖灭趋势。矿体赋存于 F_3 断层之下中寒武统田蓬组上段($\epsilon_2 t^c$)砂泥岩、碳酸盐岩中，矿体产状与 F_3 断层及下盘岩层产状基本一致，呈似层状、透镜状产出。矿体厚度变化较大，常出现膨大狭缩现象。矿体在走向及倾向上均呈舒缓波状，总体走向140°、倾向230°、倾角28°，为铅、锌、银等多金属矿体。

次要矿体有 V2、V3，矿体主要赋存于中寒武统田蓬组上段($\epsilon_2 t^c$)地层中，含矿岩性主要为粉砂岩、粉砂质泥岩、灰岩、白云岩等；主要受 F_3 断层附近的层间滑动构造带控制，矿化类型、矿石特征与 V1 主矿体相似，V2 矿体位于 V1 主矿体之下，V3 矿体位于 V1 主矿体之上。其中 V2 矿体规模较大，由 4 条剖面 9 个钻孔控制。

矿石的自然类型按矿物共生组合划分，可分为毒砂、铁闪锌矿、磁黄铁矿矿石，方铅矿、铁闪锌矿、黄铁矿矿石，硫锑铅矿、方铅矿、闪锌矿、白铁矿、黄铁矿矿石。按矿石组构特征划分，有块状矿石、条带状矿石、稠密浸染状矿石、脉(网脉)状矿石和角砾状矿石。矿体氧化带不发育，按铅锌氧化率划分，均为原生硫化矿石(氧化率≤10%)。

矿石的工业类型主要为铅锌银矿石。

矿石结构以粒状镶嵌结构为主，并可见包嵌结构、交代溶蚀结构、固溶体出溶结构以及变质作用形成的结构等。矿石构造有角砾状、浸染状、稠密浸染状、细脉网脉状、压碎条带状及块状构造等。矿石矿物主要有黄铁矿、白铁矿、磁黄铁矿、铁闪锌矿、方铅矿、毒砂、锡石、硫锑铅矿等，脉石矿物有石英、方解石、铁白云石、绿泥石、绢云母等。

按照《矿产地质勘查规范　铜、铅、锌、银、镍、钼》(DZ/T 0214—2020)相关规定，确定 V1 矿体勘查类型为第Ⅱ类勘查类型，勘查区 V1 矿体"控制资源量"工程网度为 100 m×100 m，"推断资源量"工程网度确定为 200 m×200 m。

舍所坝铅锌矿的 21 号勘查线剖面底图(未圈定和连接矿体)见附图 7-5(dwg 格式)，钻孔的样品化学分析结果见表 7-2，工程取样和地质编录具体见各钻孔柱状图(dwg 格式)。

表 7-2　21 号勘查线钻探工程取样分析结果

工程编号	矿体编号	野外编号	采样位置/m 自	采样位置/m 至	样长/m	单样真厚度/m	分析结果 Pb/%	分析结果 Zn/%	分析结果 Ag/(g·t⁻¹)	品级
ZK21-13		1	679.49	681.49	2.00	1.92	0.064	0.081	1.49	
	V3	2	681.49	682.49	1.00	0.96	0.306	0.460	17.40	低品位
		3	682.49	683.49	1.00	0.96	0.853	0.886	27.40	
		4	683.49	684.49	1.00	0.96	0.483	0.924	16.30	
		5	684.49	685.89	1.40	1.35	0.268	0.383	8.34	
		6	685.89	687.19	1.30	1.25	0.151	0.049	5.34	
	V1	7	687.19	687.99	0.80	0.77	1.170	2.660	48.80	工业
		8	687.99	689.99	2.00	1.92	0.029	0.125	<1.00	
ZK21-17		1	667.89	668.89	1.00		0.010	0.010	6.59	
		2	668.89	670.56	1.67		0.010	<0.01	2.87	
		3	670.56	672.06	1.50		0.030	0.050	6.58	
		4	672.06	673.56	1.50		0.010	0.060	5.49	
		5	673.56	674.56	1.00		0.040	0.070	6.25	
		6	674.56	676.16	1.60	1.46	0.070	0.080	7.04	
		7	676.16	677.16	1.00	0.91	3.660	0.390	132.00	
		8	677.16	678.46	1.30	1.18	0.180	0.240	8.78	
		9	678.46	679.57	1.11	1.01	1.990	1.500	75.80	
		10	679.57	681.07	1.50	1.37	0.550	0.610	23.60	
		11	681.07	682.58	1.51	1.37	0.150	0.190	10.80	
	V1	12	682.58	683.58	1.00	0.91	2.170	3.500	50.40	工业
		13	683.58	684.58	1.00	0.91	1.110	3.360	31.60	
		14	684.58	685.80	1.22	1.11	0.540	1.180	18.10	
		15	685.8	686.61	0.81	0.74	0.180	0.350	11.90	
		16	686.61	687.61	1.00	0.91	0.440	1.150	19.90	
		17	687.61	688.61	1.00	0.91	0.150	0.270	9.64	
		18	688.61	689.61	1.00	0.91	0.590	4.680	48.30	
		19	689.61	690.61	1.00	0.91	0.600	4.290	41.90	
		20	690.61	691.61	1.00	0.91	5.680	11.940	248.00	
		21	691.61	692.61	1.00	0.91	0.140	0.300	8.02	
		22	692.61	693.61	1.00		0.140	0.160	8.72	

续表7-2

工程编号	矿体编号	野外编号	采样位置/m 自	采样位置/m 至	样长/m	单样真厚度/m	分析结果 Pb/%	分析结果 Zn/%	分析结果 Ag/(g·t⁻¹)	品级
ZK21-21	V1	1	739.26	740.86	1.60		0.030	0.080	2.06	工业
		2	740.86	742.46	1.60		0.020	0.010	2.00	
		3	742.46	743.96	1.50		0.020	0.030	4.08	
		4	743.96	745.47	1.51		0.010	0.020	3.38	
		5	745.47	746.97	1.50		0.010	0.020	3.96	
		6	746.97	748.48	1.51		0.100	0.180	12.50	
		7	748.48	749.98	1.50		0.210	0.310	17.00	
		8	749.98	751.49	1.51	1.36	0.210	0.410	24.70	
		9	751.49	753.00	1.51	1.36	0.390	0.750	32.00	
		10	753.00	754.00	1.00	0.90	5.680	8.040	186.00	
		11	754.00	755.00	1.00	0.90	5.500	4.810	191.00	
		12	755.00	756.00	1.00	0.90	4.800	3.020	179.00	
		13	756.00	756.92	0.92	0.83	1.130	0.910	59.80	
		14	756.92	757.92	1.00	0.90	0.570	1.070	31.90	
		15	757.92	758.92	1.00	0.90	0.320	0.200	10.90	
		16	758.92	759.92	1.00	0.90	0.270	0.450	23.00	
		17	759.92	760.92	1.00	0.90	0.430	2.880	22.90	
		18	760.92	761.92	1.00	0.90	0.330	0.420	17.80	
		19	761.92	762.92	1.00	0.90	0.430	0.300	23.70	
		20	762.92	763.92	1.00	0.90	0.150	0.190	13.60	
		21	763.92	764.92	1.00	0.90	0.050	0.050	7.12	
		22	764.92	765.92	1.00	0.90	3.830	0.760	163.00	
		23	765.92	766.92	1.00	0.90	0.190	0.310	10.70	
		24	766.92	767.92	1.00		0.220	0.240	16.30	
		25	767.92	768.92	1.00		0.060	0.060	14.50	
	V2	26	783.35	784.35	1.00	0.90	0.230	0.370	16.80	工业
		27	784.35	785.23	0.88	0.79	1.500	2.460	47.20	
		28	785.23	786.23	1.00	0.90	0.120	0.090	12.70	

续表7-2

工程编号	矿体编号	野外编号	采样位置/m		样长/m	单样真厚度/m	分析结果			品级
			自	至			Pb/%	Zn/%	Ag/(g·t⁻¹)	
ZK21-24	V3	1	832.70	834.60	1.90	1.75	0.421	0.218	14.80	工业
		2	834.60	836.45	1.85	1.70	4.360	1.680	133.00	
		3	836.45	838.45	2.00	1.84	0.183	0.028	5.62	
		4	838.45	840.45	2.00	1.84	0.042	0.030	3.02	
		5	840.45	841.70	1.25	1.15	0.026	0.022	2.68	
	V1	6	841.70	842.80	1.10	1.01	0.179	2.220	10.80	工业
		7	842.80	843.60	0.80	0.74	0.234	3.130	13.80	
		8	843.60	844.70	1.10	1.01	0.052	2.280	28.60	
		9	844.70	845.70	1.00	0.92	0.080	7.740	39.80	
		10	845.70	846.70	1.00	0.92	0.071	2.600	59.30	
		11	846.70	847.70	1.00	0.92	0.079	0.438	77.00	
		12	847.70	848.70	1.00	0.92	0.058	0.177	52.30	
		13	848.70	849.70	1.00	0.92	0.072	0.212	83.30	
		14	849.70	850.70	1.00	0.92	0.050	0.054	65.80	
		15	850.70	851.50	0.80	0.74	0.035	0.141	89.80	
		16	851.50	852.30	0.80	0.74	0.032	0.120	34.40	
		17	852.30	853.40	1.10	1.01	0.051	0.584	3.35	
		18	853.40	854.70	1.30	1.19	0.067	7.450	36.00	
		19	854.70	855.70	1.00	0.92	0.042	0.078	40.80	
		20	855.70	856.70	1.00	0.92	0.046	0.102	72.20	
		21	856.70	857.70	1.00	0.92	0.037	0.307	95.40	
		22	857.70	859.10	1.40	1.29	0.085	0.110	36.20	
		23	859.10	860.20	1.10	1.01	0.095	0.228	15.80	
	V2	24	860.20	861.70	1.50	1.38	0.546	0.544	15.90	低品位
		25	861.70	863.30	1.60	1.47	0.677	0.682	19.70	
		26	863.30	863.90	0.60	0.55	10.990	4.700	278.00	
		27	863.90	865.50	1.60	1.47	1.030	0.135	21.80	工业
		28	865.50	867.00	1.50	1.38	10.720	17.680	327.00	
		29	867.00	868.20	1.20	1.10	13.140	13.620	346.00	
		30	868.20	869.70	1.50	1.38	0.134	0.209	4.80	
		31	869.70	871.20	1.50	1.38	1.290	0.290	35.40	
		32	871.20	873.20	2.00	1.84	0.681	0.427	18.60	

续表7-2

工程编号	矿体编号	野外编号	采样位置/m 自	采样位置/m 至	样长/m	单样真厚度/m	分析结果 Pb/%	分析结果 Zn/%	分析结果 Ag/(g·t⁻¹)	品级
		1	751.16	752.16	1.00		0.010	0.040	2.37	
		2	752.16	754.16	2.00		0.020	0.030	<2.0	
		3	754.16	755.06	0.90		0.020	0.030	5.17	
		4	755.06	756.06	1.00		0.040	0.100	14.60	
		5	756.06	757.06	1.00		0.030	0.210	<2.0	
		6	870.86	871.86	1.00	0.91	0.120	0.170	5.64	
	V3	7	871.86	872.86	1.00	0.91	2.010	5.180	7.37	工业
		8	872.86	874.16	1.30	1.19	0.010	0.400	<2.0	
		9	874.16	875.86	1.70		0.010	0.200	<2.0	
		10	875.86	877.56	1.70		0.010	0.330	2.73	
		11	877.56	879.48	1.92		0.010	0.250	6.93	
		12	879.48	880.88	1.40		0.030	0.230	16.60	
ZK21-26		13	880.88	882.41	1.53	1.40	0.040	0.450	23.00	
		14	882.41	883.96	1.55	1.42	0.030	2.560	12.40	
		15	883.96	885.58	1.62	1.48	0.020	6.160	8.58	
		16	885.58	886.58	1.00	0.91	0.040	0.080	40.20	
		17	886.58	887.58	1.00	0.91	0.030	0.080	27.80	
		18	887.58	888.58	1.00	0.91	0.020	0.200	20.40	
		19	888.58	889.36	0.78	0.71	0.020	2.180	11.00	
		20	889.36	890.48	1.12	1.02	0.020	5.940	7.46	
	V1	21	890.48	891.48	1.00	0.91	0.020	2.660	5.39	工业
		22	891.48	892.66	1.18	1.08	0.020	4.290	8.08	
		23	892.66	893.66	1.00	0.91	0.020	9.160	12.20	
		24	893.66	894.72	1.06	0.97	0.010	9.850	12.60	
		25	894.72	895.72	1.00	0.91	0.010	0.550	7.04	
		26	895.72	896.42	0.70	0.64	0.010	0.220	13.30	
		27	896.42	897.42	1.00	0.91	0.020	6.850	13.60	
		28	897.42	898.46	1.04	0.95	0.030	11.450	19.20	

续表7-2

| 工程编号 | 矿体编号 | 野外编号 | 采样位置/m | | 样长/m | 单样真厚度/m | 分析结果 | | | 品级 |
			自	至			Pb/%	Zn/%	Ag/(g·t⁻¹)	
ZK21-26	V1	29	898.46	900.46	2.00	1.83	0.180	0.420	4.25	
		30	900.46	902.46	2.00		0.090	0.150	<2.0	
		31	902.46	903.76	1.30		0.180	0.370	5.44	
		32	903.76	905.76	2.00		0.020	0.170	<2.0	
		33	905.76	907.76	2.00		0.020	0.110	<2.0	
		34	907.76	909.76	2.00	1.83	0.060	0.130	<2.0	
	V2	35	909.76	911.29	1.53	1.40	0.060	0.840	<2.0	低品位
		36	911.29	913.29	2.00	1.83	0.680	0.620	21.60	
		37	913.29	915.29	2.00	1.83	0.910	0.980	27.00	
		38	915.29	917.29	2.00	1.83	0.390	0.060	7.55	
		39	917.29	918.86	1.57	1.44	1.160	2.140	27.10	
		40	918.86	919.86	1.00	0.91	0.770	0.860	13.20	
		41	919.86	921.13	1.27	1.16	0.120	0.060	<2.0	

表 7-3　21号勘查线钻探工程参数计算结果表

| 工程编号 | 矿体编号 | 品级 | 单工程样长/m | 单工程真厚度/m | 单工程铅垂厚度/m | 单工程平均品位 | | |
						Pb/%	Zn/%	Ag/(g·t⁻¹)

六、附图

附图 7-1 ZK21-13 钻孔柱状图，dwg 格式（1∶200）（见云盘）；

附图 7-2 ZK21-17 钻孔柱状图，dwg 格式（1∶200）（见云盘）；

附图 7-3 ZK21-21 钻孔柱状图，dwg 格式（1∶200）（见云盘）；

附图 7-4 ZK21-24 钻孔柱状图，dwg 格式（1∶200）（见云盘）；

附图 7-5 ZK21-26 钻孔柱状图，dwg 格式（1∶200）（见云盘）；

附图 7-6 21 号勘查线剖面图底图，dwg 格式（1∶1000）（见云盘）；

附图 7-7 19 号勘查线剖面参考样图，dwg 格式（1∶1000）（见云盘）。

实习八

地质块段法资源量估算

一、实习目的和要求

实习目的：利用 CAD 软件绘制 V1 矿体的水平纵投影图(1∶1000)和 V1 矿体的资源量估算图(1∶1000)，掌握地质块段法资源量估算的方法、原理和程序，进一步提高学生的数字化制图能力。

实习要求：

(1)提交舍所坝铅锌矿区工程布置图(1∶1000)一张。

(2)提交 V1 矿体的水平纵投影图(1∶1000)一张。

(3)计算 V1 矿体在探矿权范围内的资源量，提交资源量估算图一张(1∶1000)一张。

(4)根据工程控制程度和地质规范要求，在资源量估算图中画出估算边界，合理划分 V1 主矿体的各地质块段并用不同颜色色块填充。然后计算各地质块段平均品位和平均厚度，用 CAD 软件查询计算块段断面(注意比例尺换算，如果块段不是封闭图形，自行画圈闭后再查询面积)。最后将计算结果在 V1 矿体资源量估算图中按地质规范要求进行标注(本次实习资源量估算不考虑探矿权边界)。

(5)根据块段面积、平均铅垂厚度、平均品位和平均体重等参数，计算各地质块段的体积、矿石量和金属量，并将计算结果以表格的形式列于资源量估算图的适当位置，再按地质规范要求完善相关图例，对图件进行整饰美化。

二、实习材料准备

(1)附表 8-1 舍所坝铅锌矿探矿权矿区范围拐点坐标表。

(2)附表 8-2 钻探工程孔口坐标表。

(3)附表 8-3 V1 矿体见矿钻孔铅垂厚度及平均品位数据表。

(4)附表 8-4 V1 矿体块段平均铅垂厚度和平均品位计算表。

（5）附表 8-5 V1 矿体资源量估算表。

（6）附图：

钻孔柱状图电子图 12 张，dwg 格式（1∶200）（见云盘）；

勘查线剖面图电子图 3 张，dwg 格式（1∶1000）（见云盘）；

V2 矿体地质块段法资源量估算参考样图。

三、实习步骤

（1）复习"矿产勘查学"课程相关内容，掌握地质块段法资源量估算的基本方法、适用条件和优缺点。

（2）仔细研读实习材料：舍所坝铅锌矿的地质概况、矿床工业指标及相关附表、附图。

（3）根据探矿权拐点坐标、各钻探工程坐标（见附表 8-1 和附表 8-2）和勘查线坐标方位在 CAD 中画出带探矿权边界和坐标网格的矿区工程布置图（1∶1000）。

（4）以工程布置图为底图，绘制 V1 矿体水平纵投影图（地质块段法资源量估算图）（1∶1000）。

（5）根据工程控制程度和地质规范要求，在资源量估算图中画出估算边界，合理划分 V1 主矿体的各地质块段。然后根据附表 8-3 数据计算各地质块段平均品位和平均厚度，用 CAD 软件查询计算块段断面（注意比例尺换算，如果块段不是封闭图形，自行画圈闭后再查询面积）。最后将计算结果填入附表 8-4 和附表 8-5，并在 V1 矿体资源量估算图中按规范要求进行标注。

（6）根据块段面积、平均铅垂厚度、平均品位和平均体重等参数，计算各地质块段的体积、矿石量和金属量，将结果按类别小计汇总或平均，再以表格的形式列在资源量估算图的适当位置中（格式参照附表 8-5），再按规范要求完善相关图例。

四、实习内容和方法

（一）资源量估算方法及依据

舍所坝铅锌矿矿区主矿体 V1 呈似层状产出，倾角在 30°左右，矿体品位和厚度变化较为均匀，勘查线剖面方向为 NE10°，受 12 个垂直钻孔控制，资源量估算方法选用水平投影地质块段法较为合适。

计算公式如下：

块段体积：$V=S×H_q$；

矿石量：$Q=V×d$；

铅、锌金属量：$P=Q×C×10^{-2}$；

银金属量：$P=Q×C×10^{-6}$。

式中：V 为块段矿石体积，m³；Q 为块段矿石量，t；P 为块段金属量，t；S 为块段水平面积，m^2；H_q 为块段平均铅垂厚度，m；d 为块段矿石体重，t/m^3；C 为块段平均品位（Pb %、Zn %、Ag g/t）。

资源量估算单位、有效位数按照相关地质规范要求执行，即矿石量资源量估算表中用吨，不保留小数，汇总表中用万吨，保留两位小数；金属量铅、锌、银为吨，除银保留两位小数外，其他取整数。

（二）资源量估算参数的确定

1. 厚度的确定

（1）矿体产状的确定。

由于矿体沿走向、倾向均具波状起伏，为使其产状具有代表性，在矿体底板等高线图上量取估算（矿体倾向为底板等高线高至低垂线所指方向，矿体倾角 $\tan \alpha =$ 高差 h/平距 l）。

（2）单样真厚度（钻孔）。

$$H = L(\cos \theta \cos \alpha \pm \sin \theta \sin \alpha \cos \gamma)$$

式中：H 为单样真厚度，m；L 为样品长度，m；α 为矿体倾角，(°)；θ 为钻孔天顶角，(°)；γ 为样品长度方位或钻孔穿矿处方位与矿体倾向的夹角，(°)，矿体倾向与样品的方向相反时，取"+"号；相同时取"–"号。

单工程样品真厚度是用于衡量单工程矿体可采厚度、夹石剔除厚度和资源量估算的主要参数。

（3）单样铅垂厚度。

$$H_q = H/\cos \alpha$$

式中：H_q 为单样铅垂厚度，m；H 为单样真厚度，m；α 为矿体倾角，(°)。

单工程样品铅垂厚度用于计算单工程矿体铅垂厚度，从而可进一步估算矿体矿段资源量。

（4）单工程矿体厚度

①单工程矿体真厚度（$\sum H$）：为圈入矿体的单样真厚度之和，夹石厚度 ≤3 m 者圈入矿体参加厚度计算。

②单工程矿体铅垂厚度（$\sum H_q$）：为圈入矿体的单样铅垂厚度之和。

（5）块段平均厚度。

在资源储量估算块段内，视其厚度点的分布情况，采用算术平均法确定：

$$\overline{M} = \sum_{i=1}^{n} M_i \Big/ n$$

式中：$\overline{M}$ 为块段矿体平均厚度，m；M_i 为单工程矿体铅垂厚度，m；n 为工程个数。

2. 品位的确定

（1）单工程平均品位。

由样长与单样品位加权平均求得，当矿体为多层矿时先用样长加权计算矿层平均品位，再用矿层厚度加权计算单工程矿体平均品位，主要依据是钻孔柱状图中的样品分析结果表。

单工程矿体平均品位计算式为：

$$\overline{C} = \sum_{i=1}^{n} C_i L_i \Big/ \sum_{i=1}^{n} L_i$$

式中：$\overline{C}$ 为单工程矿体平均品位；C_i 为单样品位或矿层平均品位；L_i 为单样样长或矿层厚度，m；n 为样品件数或矿层个数。

3. 体重的确定

经测量本次 V1 主矿体的矿石的平均体重值为 3.27 t/m³。

4. 面积的确定

资源储量计算应用 CAD 在 1:1000 资源量估算水平投影图(dwg 格式)中精确定位查询各个地质块段的面积(要注意根据比例尺换算)，然后转换为 mpj 格式用 MapGIS 地理信息系统检查验证。

(三)矿体边界的圈定原则

1. 矿体零点边界

矿体零点边界为见矿工程向未见矿工程平推相邻工程间距 1/2 点的连线。

2. 资源量估算边界

估算边界按以下原则确定：
(1)有限外推估算边界为见矿工程向未见矿工程平推相邻工程间距的 1/4(图 8-1)。
(2)无限外推估算边界为平推基本工程间距的 1/2(图 8-2)(即 50 m)。
(3)米·百分值圈定矿体的工程和预测资源量不再外推。

3. 工业矿与低品位矿边界

工业矿与低品位矿边界为工业矿工程向低品位矿工程平推相邻工程间距的 1/2 点的连线。

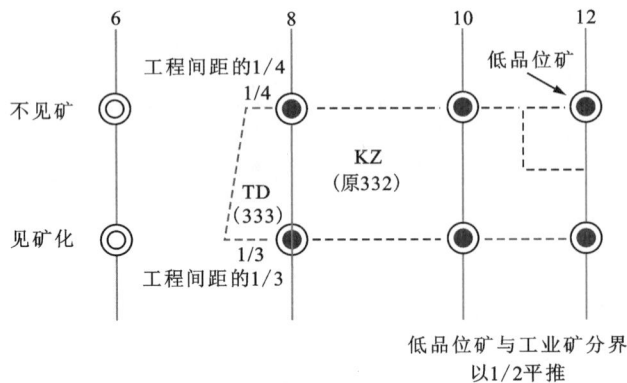

图 8-1 有限外推

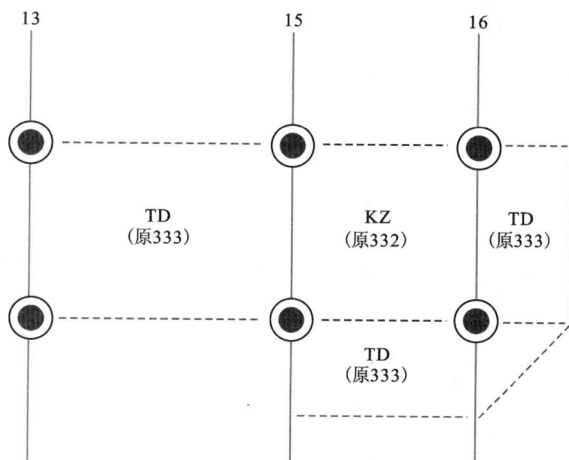

皆为见矿钻孔，无限外推为工程间距的1/2

图 8-2　无限外推

(四)资源类别的确定

本阶段勘查程度目前未作可行性研究和预可行性研究，故本次所估算的资源量只能根据地质可靠程度高低分为探明资源量(TM)、控制资源量(KZ)和推断资源量(TD)。

Ⅱ类矿床勘查类型，工程"控制的"网度在 100 m×100 m 内的，资源类别确定为控制资源量(KZ)；超过"控制的"网度，在 200 m×200 m 内者资源类别确定为推断资源量(TD)，控制资源量、推断资源量块段外推部分资源类别确定为推断资源量(TD)，工程间距按同类型要求可放宽 20%。

(五)块段划分原则及块段编号

(1)不宜过大，也不宜过小。一般沿矿体走向以两相邻勘探线为界，倾向上以两相邻工程连线为界。

(2)同一块段内，矿体要连续，产状要稳定，矿石类型、工业品级要相同。

(3)见矿工程直接相连围成块段，达到相应工程网度的划分为相应资源量类别的块段。控制资源量(KZ)一般由达到网度的 4 个见矿工程相连围成块段。

(4)个别块段工程分布不规则，允许跨越勘探线划分块段，单工程外推部分按无限外推原则划定块段。

(5)块段编号按照"从左至右、由上到下"的顺序编排。编号由分类编码和块段序号组成，分类编码在前，块段序号在后，中间用"-"连接。如推断资源量(TD)分类区 1 号块段为 TD-1，2 号块段为 TD-2，以此类推。计算表中分类编码与块段序号分列。

(6)同一块段的地质可靠程度必须相同。

🎯 五、实习材料

舍所坝铅锌矿实为白牛厂铅锌银矿的西延部分，其拥有独立探矿权，其主矿体 V1 主要地质特征简述如下：

舍所坝铅锌矿 V1 矿体由 21 个钻孔控制(本次实习为其中的一部分,即由 17、19 和 21 号勘查线共 12 个钻孔控制的 V1 矿体,具体见图 8-3),分布于 13~37 号勘探线标高 1028.33~1593.21 m,矿体沿走向向东与白牛厂铅锌银矿的咪尾矿段 V1 矿体相连,向西尖灭于 13 号勘探线,倾向延深亦呈尖灭趋势。矿体赋存于 F3 断层之下中寒武统田蓬组上段($\mathbb{C}_2t^c$)砂泥岩、碳酸盐岩中,为铅、锌、银等多金属矿。工程控制最高标高 1593.21 m(ZK17-01),最低标高 1028.33 m(ZK19-29),埋深 390.26~958.20 m,具有东浅西深、北浅南深的特点。矿体位于潜水面(1950 m)和最低侵蚀基准面(1690 m)之下。

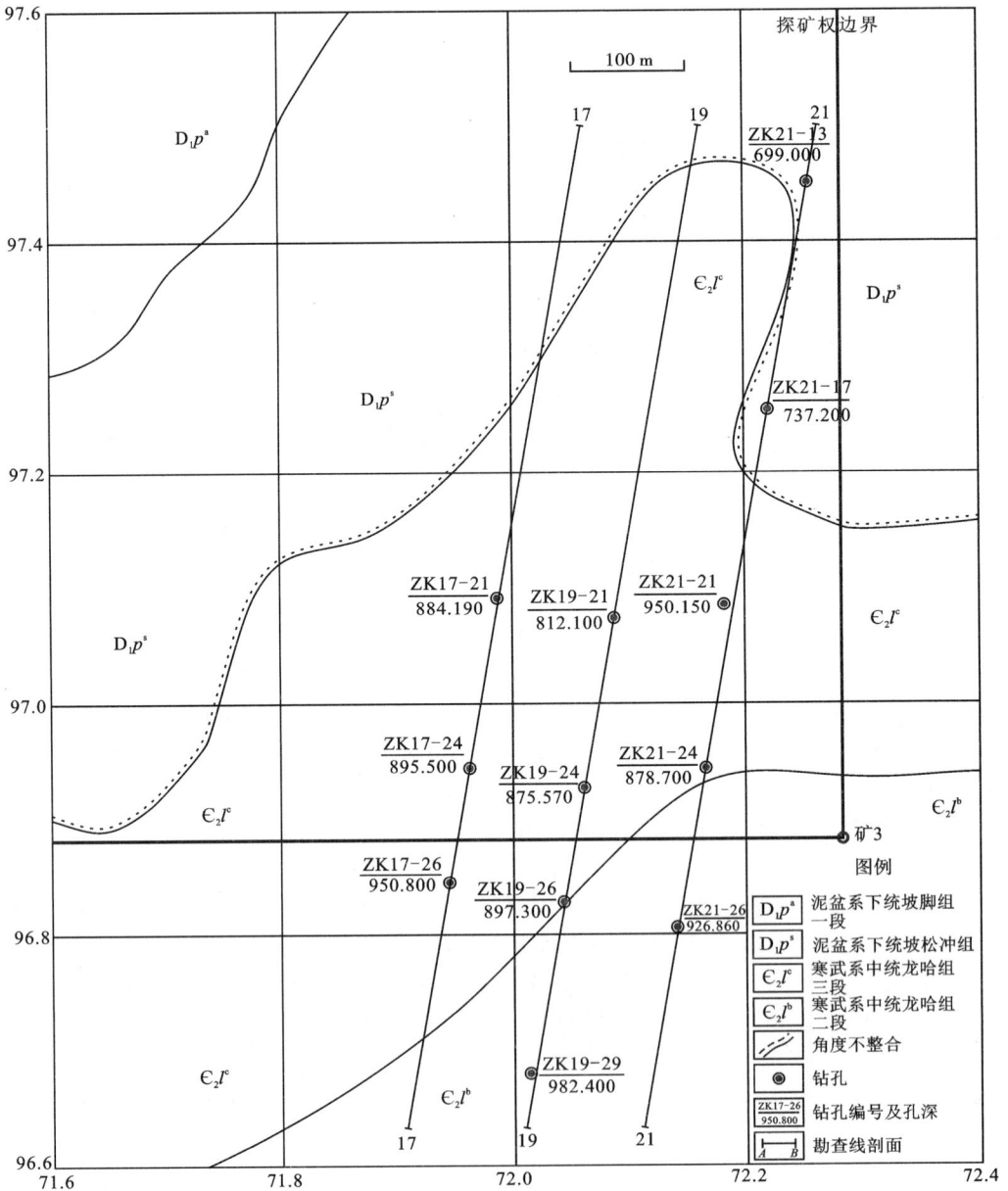

图 8-3　舍所坝铅锌矿地质工程布置简图

　　白牛厂铅锌银矿的西延部分初步控制矿体走向长 1390 m,倾斜延深 603 m,矿体受 F3 断层控制,矿体产状与 F3 断层及下盘岩层产状基本一致,呈似层状波状产出。总体走向 140°、倾向 230°、倾角 28°,因受皱曲构造的影响,局部倾向 4°左右。单工程矿体真厚度 0.11(ZK13-09)~16.01(ZK21-24)m,平均 5.21 m,变化系数 82.45%,厚度较稳定。平均品位 Pb 0.02%~7.23%、平均 0.91%,Zn 1.01%~11.71%、平均 2.24%,Ag 13.38~471 g/t、平均 53.77 g/t。品位变化系数分别为 105.13%、82.33%和 107.89%,有用组分分布较均匀。

　　矿石的自然类型按矿物共生组合划分,可分为毒砂、铁闪锌矿、磁黄铁矿矿石,方铅矿、铁闪锌矿、黄铁矿矿石,硫锑铅矿、方铅矿、闪锌矿、白铁矿、黄铁矿矿石。按矿石组构特征划分,可分为块状矿石、条带状矿石、稠密浸染状矿石、脉(网脉)状矿石和角砾状矿石。按铅锌氧化率划分,均为原生矿石(氧化率≤10%)。

　　矿石的工业类型主要为铅锌银矿石。

　　矿石结构以粒状镶嵌结构为主,并可见包嵌结构、交代溶蚀结构、固溶体出溶结构以及变质作用形成的结构等。矿石构造有角砾状、浸染状、稠密浸染状、细脉网脉状、压碎条带状及块状构造等。矿石矿物主要有黄铁矿、白铁矿、磁黄铁矿、铁闪锌矿、方铅矿、毒砂、锡石、硫锑铅矿等,脉石矿物有石英、方解石、铁白云石、绿泥石、绢云母等。

　　按照《矿产地质勘查规范　铜、铅、锌、银、镍、钼》(DZ/T 0214—2020)相关规定,以铅、锌为主矿种,可以参照附近同类矿山勘查类型。分别计算矿体规模大小、矿体形态复杂程度、矿体厚度变化、有用组分分布均匀程度和构造破坏程度的类型系数,类型系数和为 2.4,根据上述地质勘查规范,确定 V1 矿体勘查类型为第Ⅱ类勘查类型。

　　根据上述确定的第Ⅱ类勘查类型,结合《矿产地质勘查规范　铜、铅、锌、银、镍、钼》(DZ/T 0214—2020)要求,确定勘查区 V1 矿体"控制资源量"工程网度为 100 m×100 m,"推断资源量"工程网度确定为 200 m×200 m,"预测资源量"工程网度确定为 400 m×400 m。

六、附表及附图

　　(1)附表 8-1 舍所坝铅锌矿探矿权矿区范围拐点坐标表;

　　(2)附表 8-2 钻探工程孔口坐标表;

　　(3)附表 8-3 V1 矿体见矿钻孔铅垂厚度及平均品位数据表;

　　(4)附表 8-4 V1 矿体块段平均铅垂厚度和平均品位计算表;

　　(5)附表 8-5 V1 矿体资源量估算表;

　　(6)附图:

　　钻孔柱状图电子图 12 张,dwg 格式(1:200)(见云盘);

　　勘查线剖面图电子图 3 张,dwg 格式(1:1000)(见云盘);

　　V2 矿体地质块段法资源量估算参考样图。

附表 8-1　舍所坝铅锌矿探矿权矿区范围拐点坐标表

| 拐点编号 | 北京 54 坐标系 | | 西安 80 坐标系 | |
| | 3 度带直角坐标 | | 3 度带直角坐标 | |
	北坐标(X)	东坐标(Y)	北坐标(X)	东坐标(Y)
矿 1	2599059.69	366080.41	2599000.00	366000.00
矿 2	2599139.68	372297.65	2599080.00	372217.25
矿 3	2596881.09	372278.00	2596821.40	372197.60
矿 4	2596891.66	371080.41	2596831.97	371000.00
矿 5	2597244.69	371080.41	2597185.00	371000.00
矿 6	2597244.69	369385.42	2597185.00	369305.00

探矿权范围

探矿权勘查区面积：5.94 km²

附表 8-2　钻探工程孔口坐标表

工程号	东坐标(Y)	北坐标(X)	高程 H/m	备注
ZK17-21	371988.000	2597091.000	1968.000	见矿
ZK17-24	371963.000	2596944.000	1968.000	见矿
ZK17-26	371945.000	2596845.000	1973.000	见矿
ZK19-21	372087.000	2597074.000	1950.000	见矿
ZK19-24	372061.000	2596927.000	1966.000	见矿
ZK19-26	372043.000	2596828.000	1970.000	见矿
ZK19-29	372010.000	2596680.000	1995.000	见矿
ZK21-13	372255.000	2597451.000	1925.000	见矿
ZK21-17	372220.000	2597254.000	1965.000	见矿
ZK21-21	372182.397	2597085.716	1962.829	见矿
ZK21-24	372165.800	2596943.500	2005.000	见矿
ZK21-26	372140.322	2596805.811	2002.712	见矿

附表 8-3　V1 矿体见矿钻孔铅垂厚度及平均品位数据表

| 工程号 | 铅垂厚度/m | 平均品位 | | | 工程号 | 铅垂厚度/m | 平均品位 | | |
		Pb/%	Zn/%	Ag/(g·t⁻¹)			Pb/%	Zn/%	Ag/(g·t⁻¹)
ZK17-21	1.49	4.81	4.92	128.00	ZK19-29	9.15	1.58	2.85	217.06
ZK17-24	3.64	4.67	2.35	112.55	ZK21-13	0.80	1.17	2.66	48.80
ZK17-26	3.96	1.43	2.72	67.50	ZK21-17	15.77	1.21	2.23	49.24
ZK19-21	1.77	5.34	5.76	194.00	ZK21-21	14.43	1.66	1.67	67.45
ZK19-24	7.79	2.62	3.25	119.44	ZK21-24	17.39	0.07	1.72	48.32
ZK19-26	12.23	0.45	6.30	51.74	ZK21-26	15.78	0.02	4.33	14.26

附表 8-4　V1 矿体块段平均铅垂厚度和平均品位计算表

块段号	工程号	铅垂厚度/m	块段平均铅垂厚度/m	工程平均品位			块段平均品位		
				Pb/%	Zn/%	Ag/(g·t^{-1})	Pb/%	Zn/%	Ag/(g·t^{-1})
KZ-1	ZK001								
	ZK002								
	ZK003								
	ZK004								

附表 8-5　V1 矿体资源量估算表

资源量类别	块段编号	块段面积/m²	块段平均铅垂厚度/m	块段体积/m³	平均体重/(t·m⁻³)	矿石量/t	共伴生元素					
							平均品位			金属量/t		
							Pb/%	Zn/%	Ag/(g·t⁻¹)	Pb	Zn	Ag
KZ	KZ-1											
	KZ-2											
	KZ-3											
	KZ-4											
	KZ-5											
	KZ-6											
	KZ-7											
	KZ-8											
	KZ-9											
	KZ-10											
	……											
小计或平均												
TD	TD-1											
	TD-2											
	TD-3											
	TD-4											
	TD-5											
	TD-6											
	TD-7											
	TD-8											
	TD-9											
	TD-10											
	……											
小计或平均												

注：V1 主矿体的矿石的平均体重值为 3.27 t/m³。

实习九

基于 Surpac 软件创建矿体三维实体模型

一、实习目的和要求

实习目的：熟悉 Surpac 软件的基本操作；掌握建立地质数据库、矿体三维实体模型的程序和方法，为进一步建立矿体块体模型和运用地质统计学的方法估算矿体各个块体的资源储量打下基础。

实习要求：

(1)提交以个人"学号+姓名"命名的完整的数据库文件一个(.ddb 和.mdb)；

(2)提交以剖面解译命名的所有实习剖面地质解译线文件(.str)；

(3)提交以个人"学号+姓名"命名的根据数据库建立的矿体(V1、V2 和 V3 三个矿体合在一个文件中)实体模型文件(.dtm)及相应的线文件(.str)；

(4)实习完成后将所有文件打包压缩后以个人"学号+姓名"命名发至指定邮箱。

二、实习材料准备

(1)GEOVIA Surpac 基础指南教学视频和配套文件(见云盘)；

(2)GEOVIA Surpac 地质数据库教学视频和配套文件(见云盘)；

(3)GEOVIA Surpac 实体模型教学视频和配套文件(见云盘)；

(4)附表 9-1 开孔坐标表.csv(见云盘)；

(5)附表 9-2 钻孔测斜数据表.csv(见云盘)；

(6)附表 9-3 化验结果表.csv(见云盘)；

(7)附表 9-4 地层代号表.csv(见云盘)；

(8)附表 9-5 勘查线数据表.csv(见云盘)；

(9)附图 9-1 研究区地形.dtm(见云盘)；

(10)本次实习中的矿体主要地质特征请参照实习八的实习材料内容。

三、实习方法和步骤

Surpac 是全球最流行的地质勘探和矿山采矿规划软件之一，服务于全球 120 多个国家和地区数万个大型矿山的露天开采项目、地下开采项目和地质勘查项目。Surpac 的矿体 3D 建模和空间数据库功能强大、高效精确且易于使用，能满足地质、测量和采矿工程师的软件需求，具有很强的灵活性，可适用于各种固体矿床、各种类型矿体以及各种采矿方法。使用 Surpac 软件有助于矿业工作者实现矿床矿体的三维可视化、符合国内规范的资源储量估算和评价以及高效率的采掘方案的规划和管理，大幅度提高矿山地质勘查及开采的工作效率和经济效果。Surpac 软件也是国内矿山数字化转型和智慧矿山创建的重要工具之一。

所谓实体模型就是三维的三角网面。实体模型是用来描述三维空间的物体，是 Surpac 三维模型的基础。实体模型也是基于数字化表面模型（DTM）的原理。实体模型使用三角形将多个多边形连接在一起，用来表示实心体或空心体。

实体模型是由线串上包含的点形成的一系列的三角形创建的。这些三角形在平面视角上可能是重叠的，但是三维中认为它们是不重叠或是相交的。实体模型中的三角形是一个完全封闭的结构。

矿体的实体模型主要用于三维可视化、计算矿体体积、任意方位的切割剖面以及与地质数据库相交提取相关数据等方面。本次实习创建矿体三维实体模型一般步骤如下：

（1）认真观看 GEOVIA Surpac 的基础指南、地质数据库和实体模型三个教学视频，结合配套文件进行操作练习。

（2）仔细研读本次实习材料。

（3）先在电脑里创建一个以个人姓名命名的文件夹，并将此文件夹设为工作目录。再创建一个以个人姓名命名的 Surpac 地质数据库（本次实习选用 access2010 数据库）。一个空的数据库由三个强制表即 collar（孔口表）、survey（测斜表）和 translation（转换表）和若干个选项表组成，本次实习选项表为化验数据表和地层代号表。

（4）为强制表和选项表手工创建必要描述字段，完善数据库表的结构，如图 9-1～图 9-3 所示。

（5）编辑转换表。在 Surpac 中转换表（translation）是一个强制表，每个地质数据库中都有，由软件自动创建。在本次实习中，必须编辑转换表，否则化验数据表中的一些非数字的记录无法导入到数据库中。若实际情况中所有化验数据结果均为数字，则无须编辑该表。

在数据库菜单下选择编辑→插入记录，选择 translation，再选择化验数据表中 Ag、Sn、Pb 和 Zn 等字段分别进行编辑，如图 9-4 所示。

在此处，转换表（translation）的作用为：将化验数据 Ag 的分析值"<2.0 g/t"记录处理为 0.10 g/t；将化验数据 Sn 的分析值"<0.05%"记录处理为 0.01%；将化验数据表中无分析结果的"N/A"的记录处理为-99.00，以实现化验数据表中的所有记录在导入后数据化。

（6）将数据文件导入数据库。打开数据库菜单→导入数据→选择输入格式名称（与数据库名称一致）→输入需要导入数据的表和分隔符（图 9-5）。

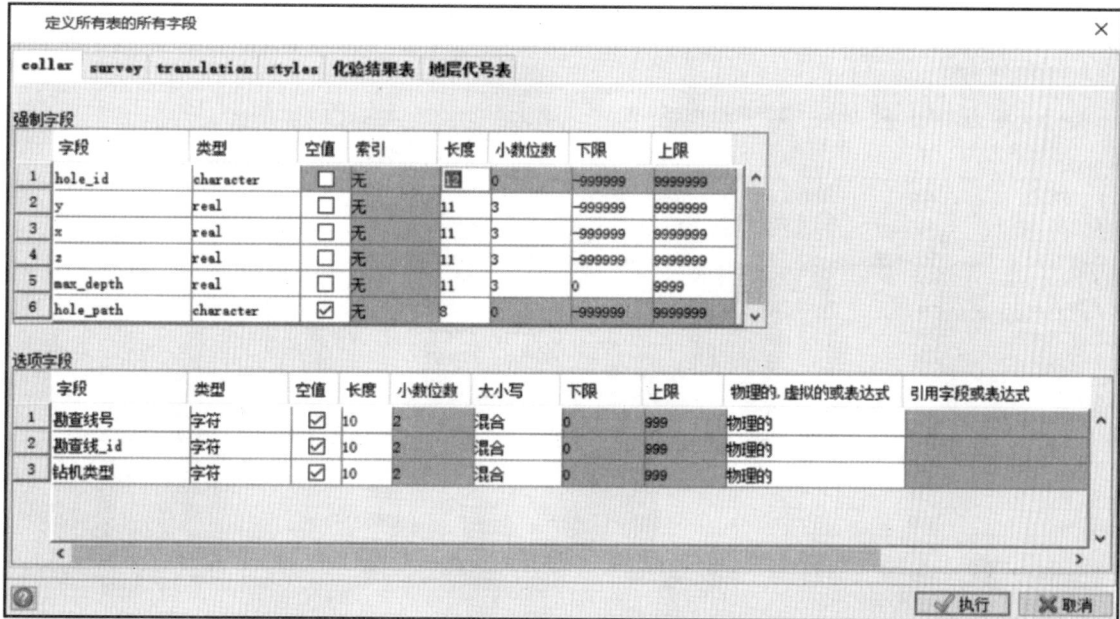

图 9-1　collar 描述字段

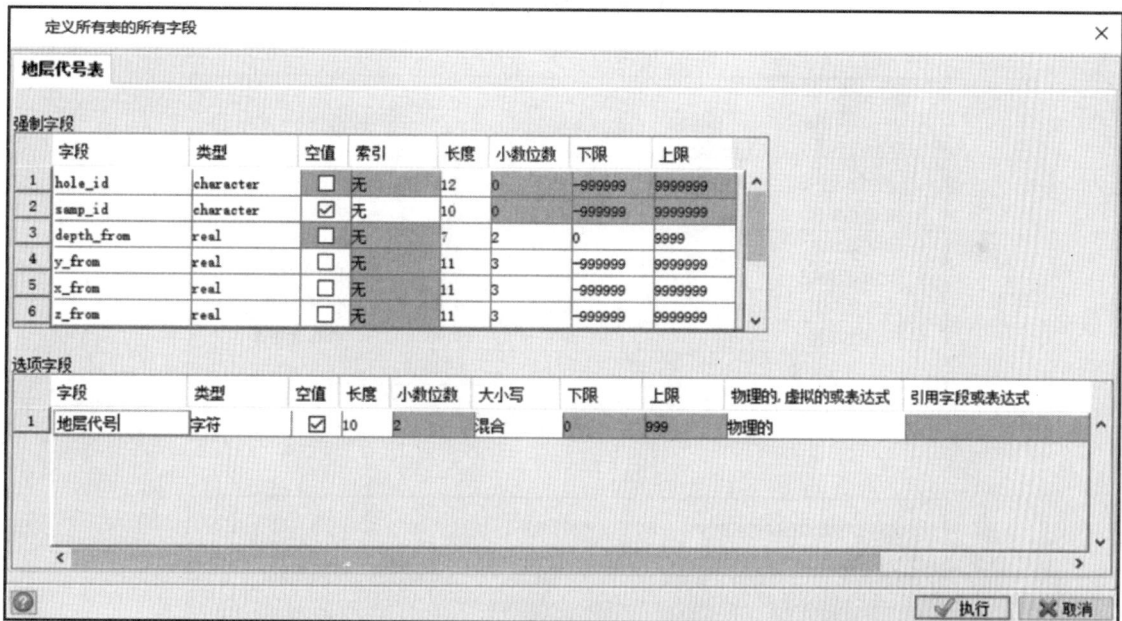

图 9-2　地层代号表描述字段

说明：

包含——激活需要导入数据的表，translation 和 styles 不需要导入故不选。

格式——选定列的格式，FREE 是指文本"列"通过定界符来隔离，FIXED 是指文本需要指明在 txt/csv 文本文件的第几列上，这里选择 FREE。

定界符——分析各表，发现都是用"，"来隔离列，故选择"，"。

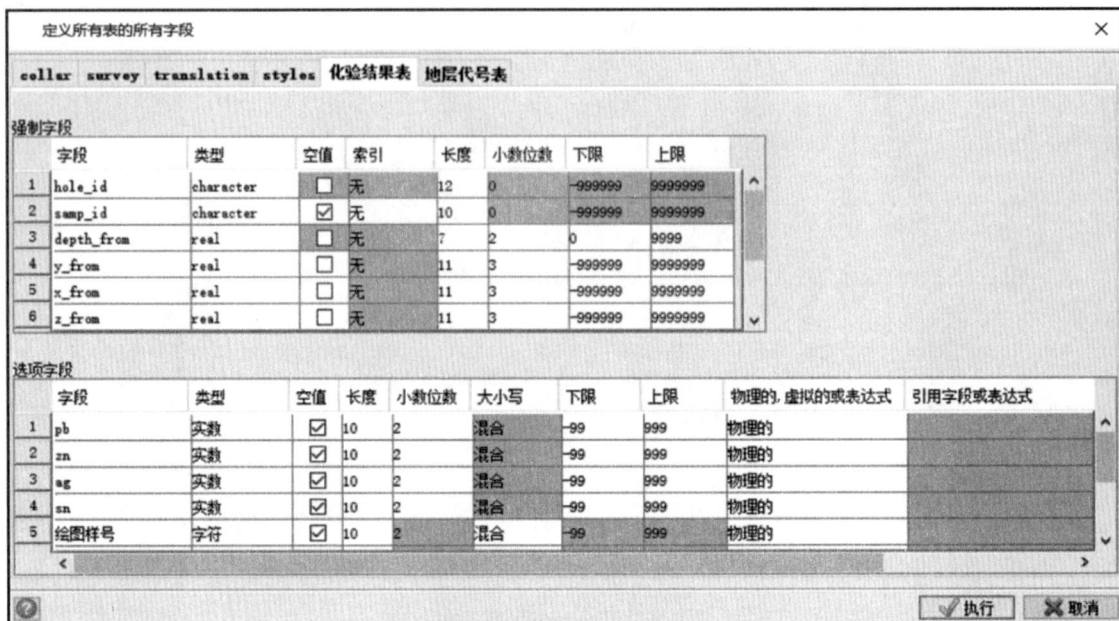

图 9-3　化验结果表描述字段

图 9-4　转换表设置

图 9-5　选择导入数据库的表

空格充填——是否允许记录空值，此处选择允许，打"√"。

文本限定词——选择无(None)。

(7)输入数据库的字段和 txt/csv 文本文件的列对应关系，如图 9-6 所示。

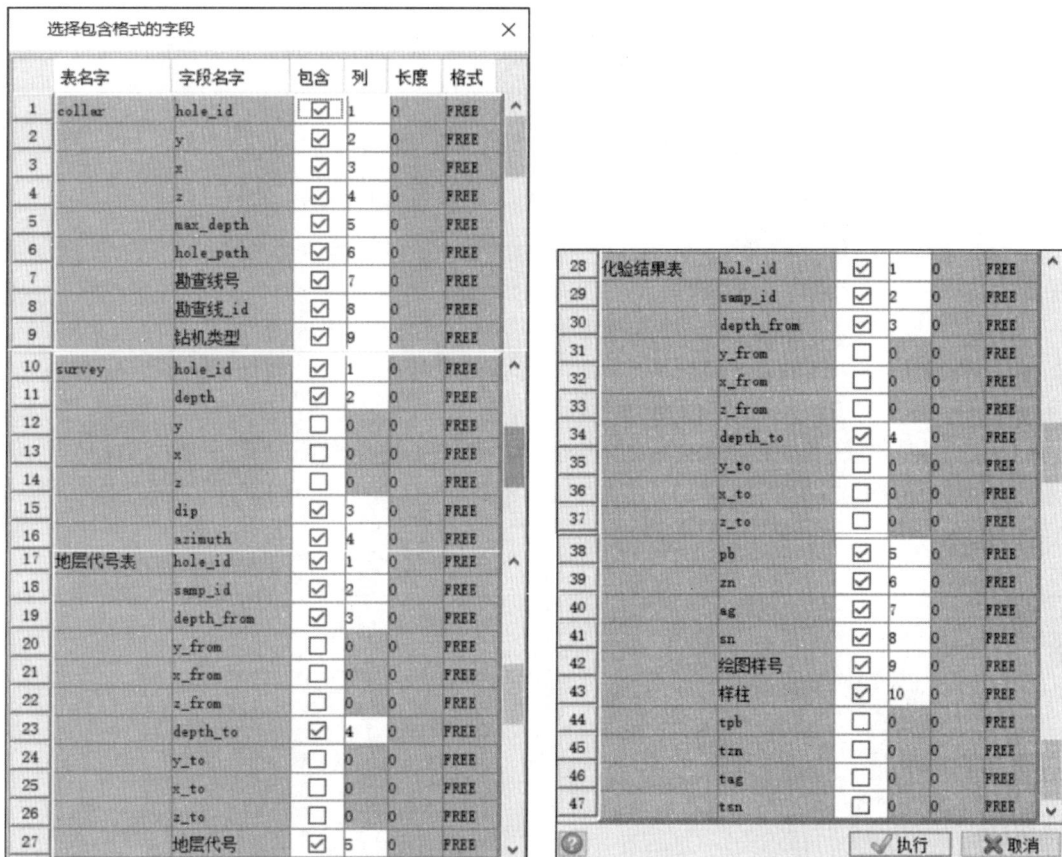

图 9-6　数据库的字段和 CSV 文本文件的列对应关系

注意：

表名称——数据库中的表的名称。

字段名称——数据库中的表的字段。

包含——如果某字段不需要导入，则不选。例如 Survey 中的 y、x、z 自动计算，所以不需要导入。

列——该字段对应的 txt/csv 文本文件中的列数。

这里要求反复分析 txt/csv 文本中的记录，一定要对应好，而且需要将所有表中的字段都对应完成后方可"执行"。

接着再选择需要加载的 txt/csv 文本文件，如图 9-7 所示。

"进行样品重叠检验"是指在载入数据过程中，自动检查样品记录表中的取样间隔是否有重叠；"在载入过程中允许的最多错误数"是指在加载过程中，有可能 txt/csv 中的数据格式与数据库中不一致，或其他错误引起的导入错误发生时，Surpac 会自动报告错误，如果错误数

● ▶ **97**

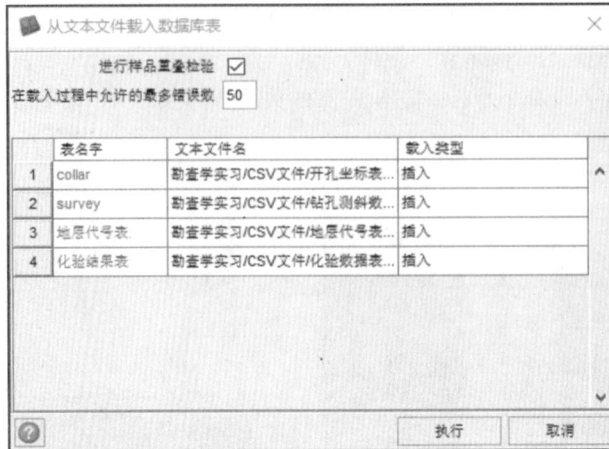

图 9-7　数据库表与导入 CSV 文件的对应关系

大于指定值(用户自定义),则停止加载,本次实习数据库选择 50 个。"载入类型"有插入、更新和插入并更新三种,这里选择插入。有时需要覆盖以前的数据或追加新的数据,则需要用到更新或插入并更新的功能。导入成功后就可以查看各个表的数据(部分),如图 9-8~图 9-10 所示。

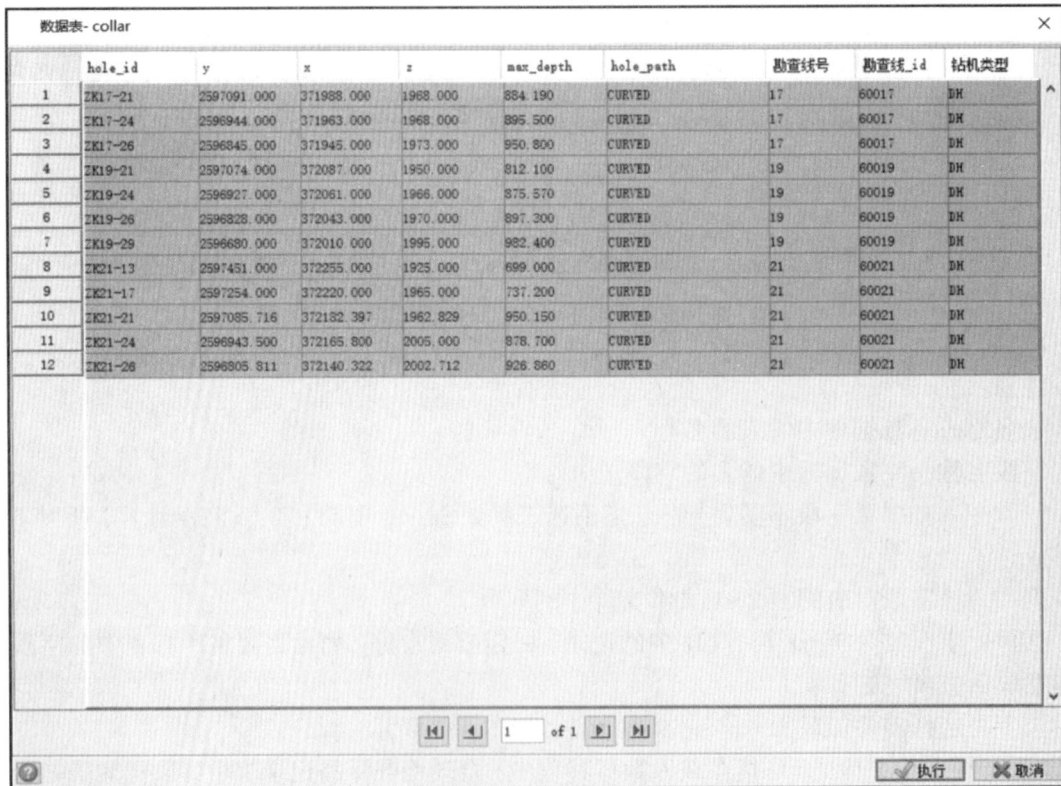

图 9-8　成功导入数据库 collar 的钻孔数据

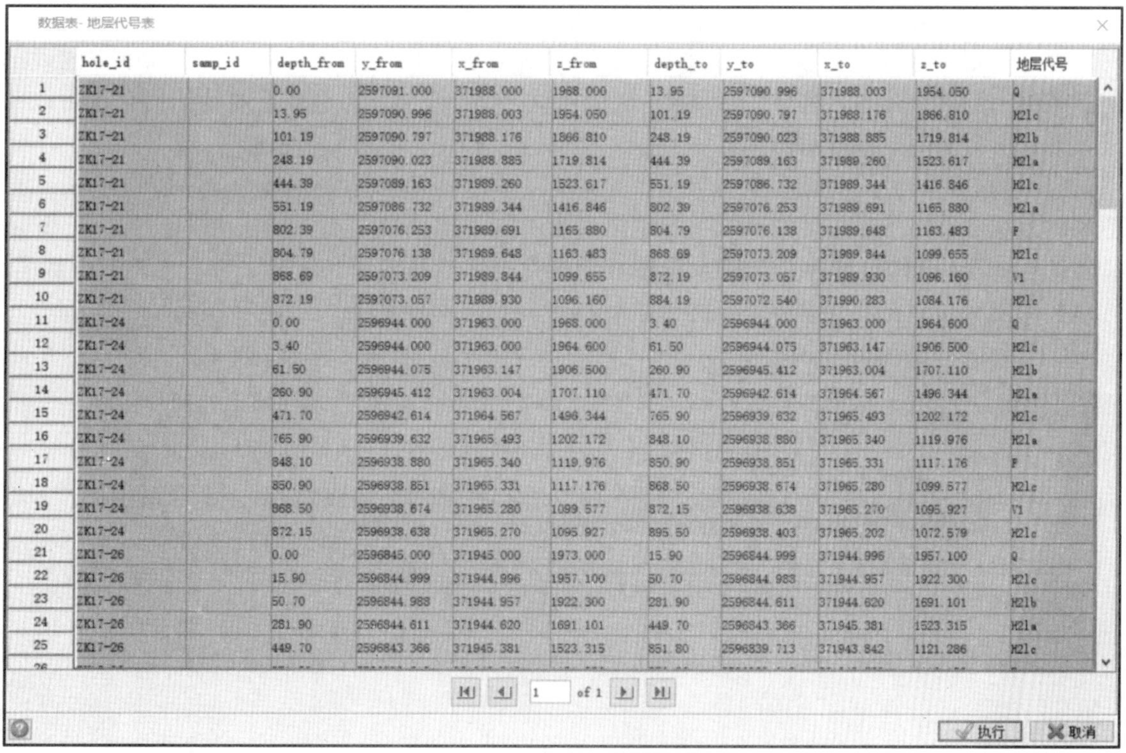

数据表- 地层代号表

	hole_id	samp_id	depth_from	y_from	x_from	z_from	depth_to	y_to	x_to	z_to	地层代号
1	ZK17-21		0.00	2597091.000	371988.000	1968.000	13.95	2597090.996	371988.003	1954.050	Q
2	ZK17-21		13.95	2597090.996	371988.003	1954.050	101.19	2597090.797	371988.176	1866.810	M2lc
3	ZK17-21		101.19	2597090.797	371988.176	1866.810	248.19	2597090.023	371988.885	1719.814	M2lb
4	ZK17-21		248.19	2597090.023	371988.885	1719.814	444.39	2597089.163	371989.260	1523.617	M2la
5	ZK17-21		444.39	2597089.163	371989.260	1523.617	551.19	2597086.732	371989.344	1416.846	M2lc
6	ZK17-21		551.19	2597086.732	371989.344	1416.846	802.39	2597076.253	371989.691	1165.880	M2la
7	ZK17-21		802.39	2597076.253	371989.691	1165.880	804.79	2597076.138	371989.648	1163.483	F
8	ZK17-21		804.79	2597076.138	371989.648	1163.483	868.69	2597073.209	371989.844	1099.655	M2lc
9	ZK17-21		868.69	2597073.209	371989.844	1099.655	872.19	2597073.057	371989.930	1096.160	V1
10	ZK17-21		872.19	2597073.057	371989.930	1096.160	884.19	2597072.540	371990.283	1084.176	M2lc
11	ZK17-24		0.00	2596944.000	371963.000	1968.000	3.40	2596944.000	371963.000	1964.600	Q
12	ZK17-24		3.40	2596944.000	371963.000	1964.600	61.50	2596944.075	371963.147	1906.500	M2lc
13	ZK17-24		61.50	2596944.075	371963.147	1906.500	260.90	2596945.412	371963.004	1707.110	M2lb
14	ZK17-24		260.90	2596945.412	371963.004	1707.110	471.70	2596942.614	371964.567	1496.344	M2la
15	ZK17-24		471.70	2596942.614	371964.567	1496.344	765.90	2596939.632	371965.493	1202.172	M2lc
16	ZK17-24		765.90	2596939.632	371965.493	1202.172	848.10	2596938.880	371965.340	1119.976	M2la
17	ZK17-24		848.10	2596938.880	371965.340	1119.976	850.90	2596938.851	371965.331	1117.176	F
18	ZK17-24		850.90	2596938.851	371965.331	1117.176	868.50	2596938.674	371965.280	1099.577	M2lc
19	ZK17-24		868.50	2596938.674	371965.280	1099.577	872.15	2596938.638	371965.270	1095.927	V1
20	ZK17-24		872.15	2596938.638	371965.270	1095.927	895.50	2596938.403	371965.202	1072.579	M2lc
21	ZK17-26		0.00	2596845.000	371945.000	1973.000	15.90	2596844.999	371944.996	1957.100	Q
22	ZK17-26		15.90	2596844.999	371944.996	1957.100	50.70	2596844.983	371944.957	1922.300	M2lc
23	ZK17-26		50.70	2596844.983	371944.957	1922.300	281.90	2596844.611	371944.620	1691.101	M2lb
24	ZK17-26		281.90	2596844.611	371944.620	1691.101	449.70	2596843.366	371945.381	1523.315	M2la
25	ZK17-26		449.70	2596843.366	371945.381	1523.315	581.80	2596839.713	371943.842	1121.286	M2lc

|◀ ◀ 1 of 1 ▶ ▶|

✓执行　✗取消

图 9-9　成功导入数据库地层代号表的部分钻孔数据

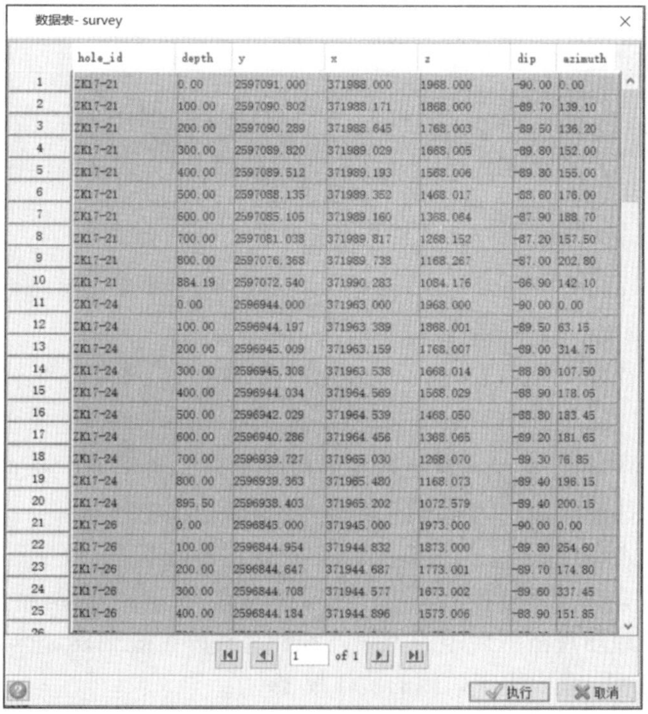

数据表- survey

	hole_id	depth	y	x	z	dip	azimuth
1	ZK17-21	0.00	2597091.000	371988.000	1968.000	-90.00	0.00
2	ZK17-21	100.00	2597090.802	371988.171	1868.000	-89.70	139.10
3	ZK17-21	200.00	2597090.289	371988.645	1768.003	-89.50	136.20
4	ZK17-21	300.00	2597089.820	371989.029	1668.005	-89.80	152.00
5	ZK17-21	400.00	2597089.512	371989.193	1568.006	-89.80	155.00
6	ZK17-21	500.00	2597088.135	371989.352	1468.017	-88.60	176.00
7	ZK17-21	600.00	2597085.105	371989.160	1388.064	-87.90	188.70
8	ZK17-21	700.00	2597081.038	371989.817	1268.152	-87.20	157.50
9	ZK17-21	800.00	2597076.368	371989.738	1168.267	-87.00	202.80
10	ZK17-21	884.19	2597072.540	371990.283	1084.176	-86.90	142.10
11	ZK17-24	0.00	2596944.000	371963.000	1968.000	-90.00	0.00
12	ZK17-24	100.00	2596944.197	371963.389	1868.001	-89.50	63.15
13	ZK17-24	200.00	2596945.009	371963.159	1768.007	-89.00	314.75
14	ZK17-24	300.00	2596945.308	371963.538	1668.014	-88.80	107.50
15	ZK17-24	400.00	2596944.034	371964.569	1568.029	-88.90	178.05
16	ZK17-24	500.00	2596942.029	371964.539	1468.050	-88.80	183.45
17	ZK17-24	600.00	2596940.286	371964.456	1368.065	-89.20	181.65
18	ZK17-24	700.00	2596939.727	371965.030	1268.070	-89.30	76.85
19	ZK17-24	800.00	2596939.363	371965.480	1168.073	-89.40	198.15
20	ZK17-24	895.50	2596938.403	371965.202	1072.579	-89.40	200.15
21	ZK17-26	0.00	2596845.000	371945.000	1973.000	-90.00	0.00
22	ZK17-26	100.00	2596844.954	371944.832	1873.000	-89.80	254.60
23	ZK17-26	200.00	2596844.647	371944.687	1773.001	-89.70	174.80
24	ZK17-26	300.00	2596844.708	371944.577	1673.002	-89.60	337.45
25	ZK17-26	400.00	2596844.184	371944.896	1573.006	-88.90	151.85

|◀ ◀ 1 of 1 ▶ ▶|

✓执行　✗取消

图 9-10　成功导入数据库 survey (测斜表) 的部分钻孔数据

（8）设置钻孔显示风格，在三维空间显示钻孔。

在地质数据库建立起来之后，就可以利用 Surpac 强大的图形显示系统，在三维空间显示地质数据，包括钻孔的轨迹线、品位值、地层及代号等，总之，几乎所有的地质信息都可以字符、图表和图案的方式显示出来。

显示钻孔时，可以对钻孔进行显示风格设置，以便更清晰地识别各种地质数据，可以对不同的地层、不同的品位区间、不同的矿体显示不同的风格（不同的颜色、图案、线型、显示位置等）。具体操作可参考 GEOVIA Surpac 地质数据库教学视频和配套文件，此处不再赘述。

实习钻孔位置的平面显示、钻孔轴迹线的空间显示和钻孔的地层代号和品位的空间显示（部分）如图 9-11~图 9-13 所示。

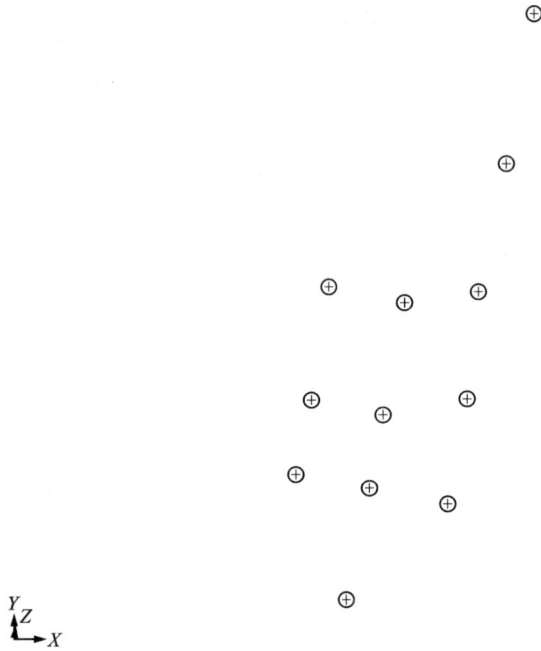

图 9-11　钻孔位置的平面显示

（9）地质解译。

地质解译就是利用地质数据库、Surpac 的三维显示功能结合矿体的地质特征来圈定矿体，它是建立矿体实体模型和块体模型的基础，是地质建模的基础部分。

一般而言，在详查和勘探阶段，根据矿床主矿体的地质特征，钻探工程按照一定的网度布置在勘查线上。在矿体地质建模时，先沿着勘查线建立一系列的剖面，在各剖面内根据地质数据、地质特征和地质规范所规定的无限外推和有线外推规则确定本边界，各剖面线的不同矿体分别连成三角网，就生成了矿体的实体模型。

①切制各剖面的地形线。

②分别对各勘查剖面进行地质解译，在地质解译时剖面上的边缘见矿钻孔的无限外推和

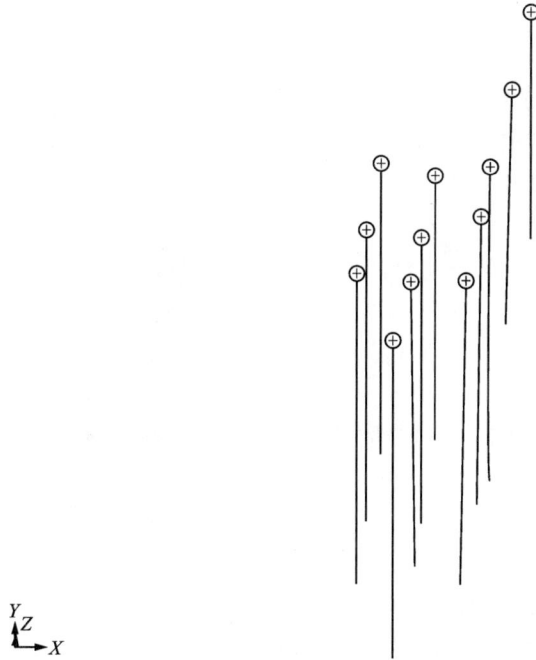

图 9-12　钻孔轴迹线的空间显示

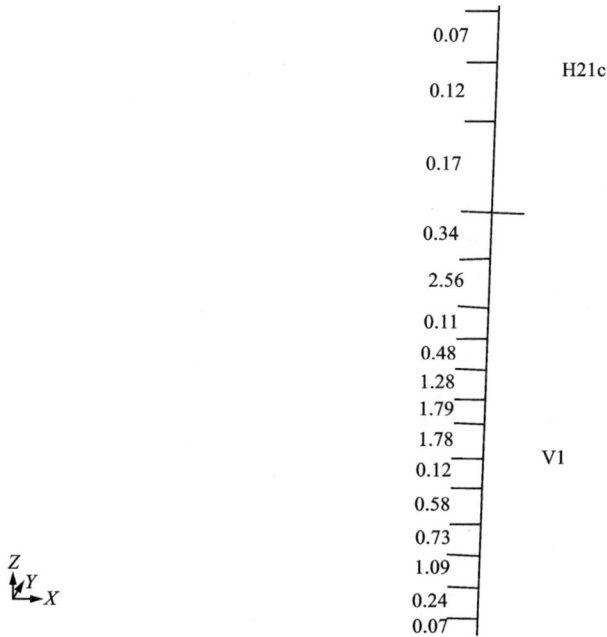

0.07
0.12
0.17
0.34
2.56
0.11
0.48
1.28
1.79
1.78
0.12
0.58
0.73
1.09
0.24
0.07

H21c

V1

图 9-13　钻孔的地层代号和品位的空间显示（部分）

见矿钻孔与未见矿钻矿之间的有限外推时，一般要先建立辅助线根据地质规范和实际情况进行外推。剖面中矿体的内外推可采用尖推或平推，其中无限外推为尖推基本网度的 1/2（50 m）或平推基本网度的 1/4（25 m），有限外推为尖推实际工程间距的 1/2 或平推实际工程间距的 1/4。本次实习中矿体内、外推建议均采用平推，东、西两侧的边缘剖面无限外推均为平推基本网度的 1/4（25 m）。最外侧勘查线剖面外推时需要建立辅助剖面及相应的地质解译线文件。在地质解译和矿体圈定时，V1 矿体线串号命名为"110"，V2 矿体线串号命名为"210"，V3 矿体线串号命名为"310"。具体操作可参考 GEOVIA Surpac 地质数据库教学视频和配套文件，此处不再赘述。

本次实习为简便起见，在各勘查剖面均采用直线法圈定和连接矿体。

③地质解译的结果形成一系列剖面及辅助剖面的线文件，然后对这些线文件进行组合和分离分别形成矿体线文件及 V1、V2、V3 矿体线文件，为创建矿体的实体模型进行数据准备。

（10）创建模型数据的有效性检查。

①利用线串摘要检查矿体不同剖面及辅助剖面的线串，确保所有线串都是顺时针方向，而且都是闭合的。

②检查和删除线的聚集点和重复点，打开矿体线文件，选择编辑→图层→清理分别对线串的聚集点和重复点进行显示和删除。

（11）创建矿体的实体模型。

实体模型最直接的用途就是用来模拟矿体并实现三维可视化，如何来创建矿体的实体模型，Surpac 提供了许多方法，其中最常见的是剖面法：即先将矿体各勘查线的剖面线和外推辅助线放入到三维空间，然后相邻勘查线之间按照矿体的地质特征和产状变化趋势连三角网；在矿体的两端，封闭起来，就形成了矿体的实体，如图 9-14 所示。

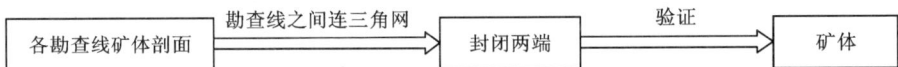

图 9-14 剖面法创建矿体的实体模型流程

其次还有合并法（一般用于近水平的矿体，如煤矿等）。此方法一般用在水平或扁平矿体中。首先将矿体的上、下表面做成面模型 DTM，再获取上、下面的边界，两个边界之间连三角网，再将这三个文件合并，就形成了矿体的实体，如图 9-15 所示。

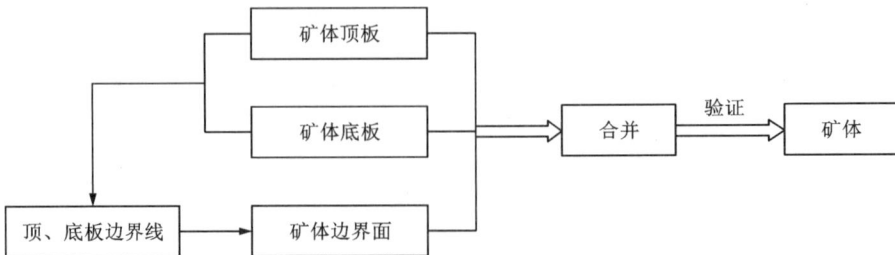

图 9-15 合并法创建矿体的实体模型流程

此外还有相连段法。利用一系列矿体的轮廓线和辅助线(不一定是勘探线或边界线),在线之间连三角网,这种方法能在各种复杂情况下创建各种形态复杂的实体模型,如图 9-16 所示。具体操作可参考 GEOVIA Surpac 实体模型教学视频和配套文件,此处不再赘述。

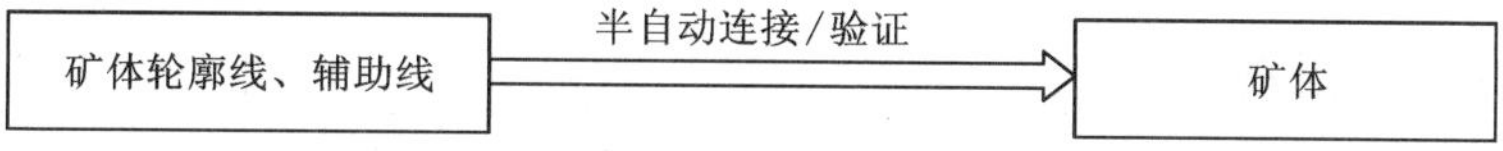

图 9-16　相连段法创建矿体的实体模型流程

本次实习在矿体创建实体模型的过程中,V1 矿体的体编号命名为"1"号体,V2 矿体的体编号命名为"2"号体,V3 矿体的体编号命名为"3"号体。不同矿体的实体模型创建完成之后分别保存。

(12)实体模型的有效性检查。

实体模型在创建之后,要进行有效性检查,选择实体模型→有效性验证→检验实体,对无效三角形、反转三角形、交叉三角形、无效边和孔洞等进行突出显示且形成报告,如果这个实体模型是闭合而且有效的,则检查通过,此时就可以报告每个矿体的体积。

(13)实体模型的风格化显示。

分别打开不同矿体的实体模型 dtm 文件,选择个性化设置→显示属性→DTM 与 3DM 可以为不同的矿体设置不同的颜色,也可以为同一个矿体的控制部分和外推部分分别设置不同的颜色,如图 9-17 所示。

图 9-17　实体模型的风格化显示

四、关于 Surpac 的一些基本概念

(一) Surpac 的数据类型

Surpac 中使用了多种不同的文件类型。每种文件类型在浏览器中用一个特定的图标表示。表 9-1 列出了在 Surpac 中常见的文件类型。

表 9-1　Surpac 软件常见的文件类型

线文件	pit1.str（文件名称）	一个线文件中包含一系列三维坐标点，以及相应的一些属性
DTM	pit1.dtm	数字地形模型文件 (DTM) 是由.str 线文件生成的，能够表示面和实体。一个 DTM 面是由一组三角形形成的面，用来表示地表或露天坑。一个实体是由一组三角形形成的空间的体，用来表示矿体或巷道
地质数据库	surpac.ddb	钻孔数据库文件 (DDB) 用来关联关系型钻孔数据库。这是一个文本文件，用来告诉 Surpac 从数据库读取哪些表和字段
测量数据库	ug_mine.sdb	测量数据库文件 (SDB) 用来关联关系型测量数据库。这是一个文本文件，用来告诉 Surpac 从数据库读取哪些表和字段
块体模型	block.mdl	块体模型是一种空间数据库，并且能够通过点和间隔型数据 (如钻孔样品数据) 来建模。由稀疏的钻孔数据估计三维实体的体积、吨位和平均品位
绘图文件	pit_str.dwf	从绘图模块输出的是.dwf 的绘图文件。您可以在 Surpac 绘图窗口中打开并编辑它们，或者发送到绘图设备如绘图仪打印出图
宏	macro.tcl	宏是自定义的程序，通过创建宏，可以执行一系列重复性任务或执行一项特定的操作。您可以很容易地在 Surpac 中录制和编辑 TCL 脚本
插件	topo2.dxf	这个图标表示的是一类能够直接导入到 Surpac 中的文件。比如，您可以导入任意一个具有以下扩展名的文件：.dxf、.dwg、.dgn、.dm、.shp、.dgd
风格文件	styles.ssi	Surpac 的风格文件，包含线和 DTM 的绘制风格，颜色设置，以及默认的 Surpac 设置

(二) 线文件

Surpac 中最常用的存储信息的文件格式就是线文件。线文件包含一个或多个点的坐标信息以及每个点的描述信息。理解 Surpac 如何组织和应用存储在线文件中的数据是非常重要的。

1. 线的结构

线文件中的数据分为三类，即点、线段和线串。

线文件中的所有点先组合成线段，然后组成线串。图 9-18 描述了一个线文件如何包含线串、线段和点。

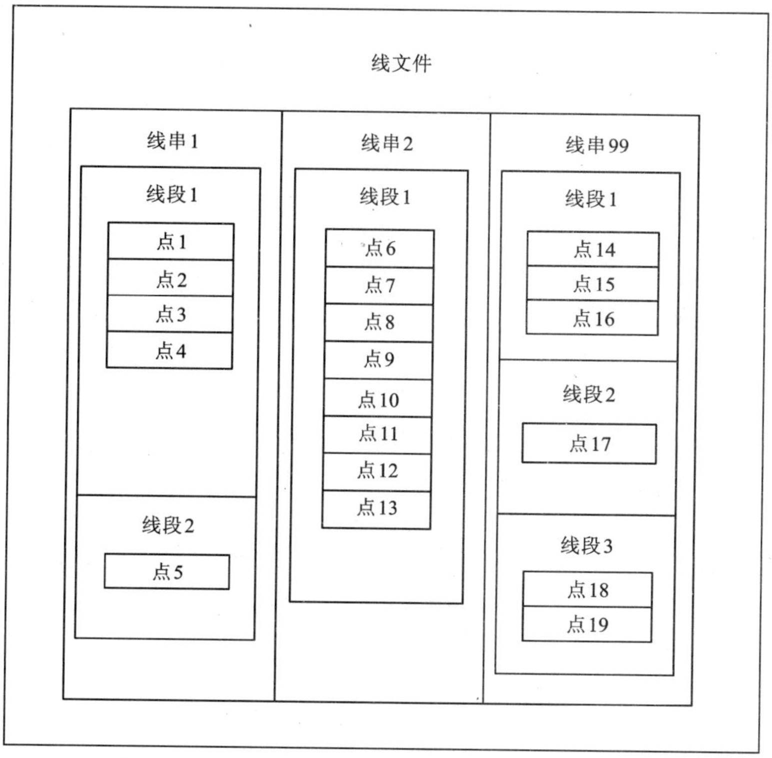

图 9-18 线文件的结构

2. 线的类型

线有三种类型，即开放线、闭合线和高程点。表 9-2 对不同类型的线进行了简单的解释说明。

表 9-2 线的不同类型和解释说明

Surpac 术语	通常表达	例子
开放线	线	钻孔轨迹线
闭合线	多边形	矿体边界
高程点	与线和多边形无关的点	炮孔孔口位置

3. 描述字段

点、线和段可以具有一个或多个相关的描述信息。这些信息存储在描述字段里。描述字段的命名与其排列的顺序保持一致，命名的格式为：D<递增的序号>，比如 D1、D2、D3。

例如：矿区内的一个闭合段，可能将 Au 品位、Ag 品位或者矿石体重存储在描述字段里。如果按这个顺序存储，则各属性字段为：

D1：Au 品位；

D2：Ag 品位；

D3：矿石体重。

4. 编号方式

Surpac 中的线、段和点都是通过唯一的编号来区分，可以使用不同的线号表示不同的特征线。例如，用 1 号线表示露天采场台阶坡底线，2 号线表示露天采场台阶坡顶线，99 号线表示高程点。Surpac 自动分配段号和点号。

5. 数据范围的表示

可以通过范围来指定一组数据，比如一组线、一组段、一组点。表示范围的时候中间用逗号(,)，范围包括开始项、结束项和任意步长，格式如下：

<开始>，<结束>，<步长>。

注意：当步长是 1 时，可以只用<开始>，<结束>，而不需要指定步长。分号(;)用来表示唯一的数值，或者用来分割众多的用逗号表示的范围。

举例说明见表9-3。

表9-3 描述字段中数据范围的表示

1 2 3 4 5 6 7 8	1, 8	从1到8，步长为1(隐含)
1 3 5 7	1, 7, 2	从1到7，步长2
2000 2200 2400	2000, 2400, 200	从2000到2400，步长200
1 6	1; 6	1和6
2 6 9	2; 6; 9	2、6和9
2 3 4 5 6 9	2, 6; 9	从2到6，步长为1(隐含)和9
25 50 60 70 80 90	25; 50, 90, 10	25、从50到90步长为10
3 6 9 12 15 20 30	3, 15, 3; 20; 30	从3到15，步长为3，及20和30
5 10 15 20 40 50 60	5, 20, 5; 40, 60, 10	从5到20，步长为5；从40到60，步长为10

6. 线文件的名称

Surpac 线文件的名称组成见表9-4。

表 9-4　线文件的名称组成

组成部分	描述	是否必要
位置	任意的字符和数字的组合	是
ID 号	只能用数字	否
扩展名	. str	是

部分文件名称的例子见表 9-5。

表 9-5　线文件的名称实例

文件名称	位置	ID 号	扩展名
pit. str	pit		. str
bench105. str	bench	105	. str
2007design. str	2007design		. str
2007design2. str	2007design	2	. str
grade_control135. str	grade_control	135	. str
dhcomp2_50. str	dhcomp2_	50	. str
level−300. str	level−	300	. str

明白了线文件的命名规则，就可以通过线文件的位置和 ID 号快速、成批量地选择操作对象。例如，可以将下列线文件：geo130. str，geo140. str，geo150. str，geo160. str，geo170. str。用下面的格式来指定：

位置：geo；

ID：130，170，10。

7. 线的方向

在 XY 平面上查看闭合线时，线上的点有一定的顺序，要么是顺时针的，要么是逆时针的。在计算面积和体积时，线的方向非常重要。顺时针方向的线，计算其内含的区域；逆时针方向的线，则计算其外部的区域。

8. 地质数据库

地质数据库模块是 Surpac 中最重要的模块之一。钻孔数据是所有矿山项目开始的起点，也是可行性研究和资源量估算的基础。地质数据库由多个表（Table）组成，每个表存储着不同类型的字段。每个表中包含若干字段，有多条记录，每条都记录着各个字段的值。

Surpac 使用的是关系数据库，支持多种数据库类型，包括 Oracle、Paradox 和 Microsoft Access（本次实习选用数据库）。Surpac 同样支持开放性数据库接口（ODBC），可通过网络连接到数据库上。一个数据库最多可以有 50 个表，每个表中最多可含 60 个字段。

Surpac 的数据库中需要三个强制表（Mandatory Table）：即 collar（孔口表）、survey（测斜表）和 translation（转换表）和若干个选项表（Optional Table），本次实习选项表为化验数据表和地层代号表。

9. 实体模型

实体模型是三维的三角网面。实体模型是用来描述三维空间的物体，是 Surpac 三维模型的基础。实体模型也是基于数字化表面模型（DTM）的原理。实体模型是使用三角形将多个多边形连接在一起，用来表示实心体或空心体。实体模型是由线串上包含的点形成的一系列的三角形创建的。这些三角形在平面视角上可能是重叠的，但是三维中认为是不重叠或是相交的。在实体模型中的三角形是一个完全封闭的结构。

实体模型由 1~32000 范围内的整数进行编号，不同的体号表示不同的物体。例如：一个矿床通常有许多的矿体，可以用不同的实体号来区分这些不同的矿体。

建立实体模型的一般工作流程如图 9-19 所示：

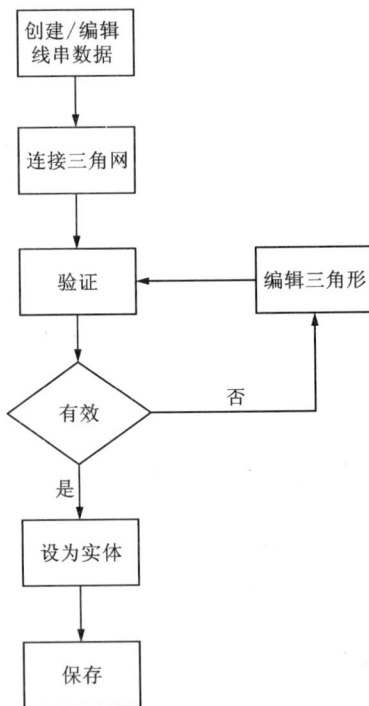

图 9-19 建立实体模型一般工作流程

五、实习所用表格及说明

开孔坐标表内容见表 9-6。

表 9-6　开孔坐标表内容

孔号	北坐标	东坐标	高程/m	终孔深度/m	孔迹线	勘查线号	勘查线_ID	钻探类型
ZK17-21	2597091.000	371988.000	1968.000	884.19	CURVED	17	60017	DH
ZK17-24	2596944.000	371963.000	1968.000	895.50	CURVED	17	60017	DH
ZK17-26	2596845.000	371945.000	1973.000	950.80	CURVED	17	60017	DH
ZK19-21	2597074.000	372087.000	1950.000	812.10	CURVED	19	60019	DH
ZK19-24	2596927.000	372061.000	1966.000	875.57	CURVED	19	60019	DH
ZK19-26	2596828.000	372043.000	1970.000	897.30	CURVED	19	60019	DH
ZK19-29	2596680.000	372010.000	1995.000	982.40	CURVED	19	60019	DH
ZK21-13	2597451.000	372255.000	1925.000	699.00	CURVED	21	60021	DH
ZK21-17	2597254.000	372220.000	1965.000	737.20	CURVED	21	60021	DH
ZK21-21	2597085.716	372182.397	1962.829	950.15	CURVED	21	60021	DH
ZK21-24	2596943.500	372165.800	2005.000	878.70	CURVED	21	60021	DH
ZK21-26	2596805.811	372140.322	2002.712	926.86	CURVED	21	60021	DH

开孔坐标表与 Surpac 地质数据库的对应关系见表 9-7。

表 9-7　开孔坐标表与 Surpac 地质数据库的对应关系

开孔坐标.csv	数据库中的强制表 Collar	注释
孔号	hole_id	钻孔的编号
北坐标	y	孔口的北坐标
东坐标	x	孔口的东坐标
高程	z	孔口的标高
最大孔深	max_depth	终孔深度
孔迹线类型	hole_path	见说明
勘查线号	勘查线号（需手动添加字段）	钻孔所在的勘查线号
勘查线 ID	勘查线 ID（需手动添加字段）	将勘查线号对应成一个整数
钻机类型	钻机类型（需手动添加字段）	钻机类型

说明：

(1)前 6 项均为 Collar 表中强制字段，Surpac 自动创建，只需要手工添加勘查线号、勘查线 ID 和钻机类型三个字段。

（2）孔迹线类型：分为三种，curved、linear 和 vertical。钻孔为 curved；若是探槽或坑道应为 linear；若工程是铅直向下的为 vertical，倾角为-90°，方位角为 0°。

（3）勘查线号：是指地质勘查单位、生产矿山等在进行找矿勘查时按地质规范命名的勘查线号，通常是用阿拉伯数字、罗马数字和英文字母编号。

（4）勘查线 ID：是指用 Surpac 软件进行矿体建模时为了便于表示地质数据所属的勘查线，结合 Surpac 软件对文件名的处理方法，用一个 4 位或 5 位的整数表示勘查线号，并把它作为 Surpac 软件中处理文件名的 ID 号。通常是在原有勘查线号前用 0、1（或 2、3、4、5、6、7、8、9）补齐为 4 位或 5 位整数的方法实现，以容易记忆、方便识别为原则。

表 9-8　钻孔测斜数据表（部分）

孔号	测斜深度/m	倾角/(°)	方位角/(°)
ZK17-21	0.00	-90	0.00
ZK17-21	100.00	-89.7	139.10
ZK17-21	200.00	-89.5	136.20
ZK17-21	300.00	-89.8	152.00
ZK17-21	400.00	-89.8	155.00
ZK17-21	500.00	-88.6	176.00
ZK17-21	600.00	-87.9	188.70
ZK17-21	700.00	-87.2	157.50
ZK17-21	800.00	-87	202.80
ZK17-21	884.19	-86.9	142.10
ZK17-24	0.00	-90	0.00
ZK17-24	100.00	-89.5	63.15
ZK17-24	200.00	-89	314.75
ZK17-24	300.00	-88.8	107.50
ZK17-24	400.00	-88.9	178.05
ZK17-24	500.00	-88.8	183.45
ZK17-24	600.00	-89.2	181.65
ZK17-24	700.00	-89.3	76.85
ZK17-24	800.00	-89.4	196.15
ZK17-24	895.50	-89.4	200.15
……			

完整数据请参见钻孔测斜数据表.csv 电子文档，该地质数据表与 Surpac 地质数据库的对应关系见表 9-9：

表 9-9　钻孔测斜数据表与地质数据库 Survey 表的对应关系

钻孔测斜数据表.csv	数据库中的强制表 Survey	注释
孔号	hole_id	钻孔的编号
测斜深度	depth	测斜深度
倾角	dip	该深度至下点的倾角
方位角	azimoth	该深度至下点的方位角

值得注意的是倾角向上为正，向下为负，见表 9-10。本次实习因为寒武系代号"Є"Surpac 软件无法识别，这里用"H"代替"Є"。岩性地层代号主要有下面几种：Q——第四系；H2lc——寒武系中统龙哈组三段；H2lb——寒武系中统龙哈组二段；H2la——寒武系中统龙哈组一段；F——断裂破碎带；V1——V1 矿体；V2——V2 矿体；V3——V3 矿体。

表 9-10　地层代号表（部分）

孔号	深度自/m	深度至/m	地层代号
ZK17-21	0.00	13.95	Q
ZK17-21	13.95	101.19	H2lc
ZK17-21	101.19	248.19	H2lb
ZK17-21	248.19	444.39	H2la
ZK17-21	444.39	551.19	H2lc
ZK17-21	551.19	802.39	H2la
ZK17-21	802.39	804.79	F
ZK17-21	804.79	868.69	H2lc
ZK17-21	868.69	872.19	V1
ZK17-21	872.19	884.19	H2lc
ZK17-24	0.00	3.40	Q
ZK17-24	3.40	61.50	H2lc
ZK17-24	61.50	260.90	H2lb
ZK17-24	260.90	471.70	H2la
ZK17-24	471.70	765.90	H2lc
ZK17-24	765.90	848.10	H2la
ZK17-24	848.10	850.90	F
ZK17-24	850.90	868.50	H2lc
ZK17-24	868.50	872.15	V1
ZK17-24	872.15	895.50	H2lc

续表9-10

孔号	深度自/m	深度至/m	地层代号
ZK17-26	0.00	15.90	Q
ZK17-26	15.90	50.70	H2lc
ZK17-26	50.70	281.90	H2lb
ZK17-26	281.90	449.70	H2la
ZK17-26	449.70	851.80	H2lc
ZK17-26	851.80	856.90	F
ZK17-26	856.90	875.70	H2lc
ZK17-26	875.70	877.90	F
ZK17-26	877.90	905.60	H2lc
ZK17-26	905.60	909.60	V1
ZK17-26	909.60	930.70	H2lc
ZK17-26	930.70	932.70	V2
ZK17-26	932.70	950.80	H2lc
ZK19-21	0.00	9.25	Q
ZK19-21	9.25	122.89	H2lc
ZK19-21	122.89	237.41	H2lb
ZK19-21	237.41	463.87	H2la
ZK19-21	463.87	770.25	H2lc
ZK19-21	770.25	772.05	V1
ZK19-21	772.05	812.10	H2lc
……			

完整数据请参见地层代号表.csv电子文档内容。该地质数据表与Surpac地质数据库的对应关系见表9-11。

表9-11 地层代号表与地质数据库的对应关系

地层代号表.csv	数据库中的选项表(需手工创建)	注释
孔号	hole_id	钻孔的编号
样号	sample_id	样号,可以为空
深度自	depth_from	
深度至	depth_to	
岩性代号	岩性(需手工添加)	岩性代号,可用中文

注意：深度自和深度至数据不能超过最大孔深，如有重叠，会报错。

化验数据表(部分)见表9-12，完整数据请参见化验数据表.csv电子文档内容。该地质数据表与Surpac地质数据库的对应关系见表9-13。

表9-12　化验数据表(部分)

孔号	样品编号	深度自/m	深度至/m	Pb/%	Zn/%	Ag/(g·t^{-1})	Sn/%	绘图样号	样柱
ZK17-21	1	868.69	869.69	0.02	0.26	<2.0	0.06		BH
ZK17-21	2	869.69	871.19	4.81	4.92	128.00	0.05		WH
ZK17-21	3	871.19	872.19	0.12	0.15	3.86	0.05		BH
ZK17-24	1	868.50	869.60	0.32	0.40	12.00	<0.05		BH
ZK17-24	2	869.60	870.65	1.36	1.28	35.80	<0.05		WH
ZK17-24	3	870.65	872.15	10.18	4.52	240.00	<0.05		BH
ZK17-24	4	872.15	873.15	0.04	0.04	2.71	<0.05		WH
ZK17-26	1	632.00	633.00	0.03	0.12	9.06	<0.05		BH
ZK17-26	2	633.00	634.00	0.28	1.82	12.10	<0.05		WH
ZK17-26	3	634.00	634.90	0.03	0.10	2.74	<0.05		BH
ZK17-26	4	904.6	905.6	0.04	0.05	2.75	<0.05		WH
ZK17-26	5	905.6	906.6	2.48	1.24	90.40	<0.05	5	BH
ZK17-26	6	906.6	907.6	1.12	1.64	60.00	0.32		WH
ZK17-26	7	907.6	908.6	0.89	2.22	49.50	0.38		BH
ZK17-26	8	908.6	909.6	1.22	5.77	70.10	0.58		WH
ZK17-26	9	909.6	910.9	0.05	0.13	2.75	<0.05		BH
ZK17-26	10	930.7	931.7	0.40	0.61	22.80	<0.05	10	WH
ZK17-26	11	931.7	932.7	1.30	1.96	88.40	<0.05		BH
ZK17-26	12	932.7	933.4	0.24	0.36	18.40	<0.05		WH
ZK17-26	13	933.4	934.4	0.08	0.16	6.98	<0.05		BH
ZK17-26	14	949.8	950.8	0.04	0.08	3.46	<0.05		WH
ZK19-21	1	769.25	770.25	0.11	0.27	6.67	<0.05		BH
ZK19-21	2	770.25	772.05	5.34	5.76	194.00	0.12		WH
ZK19-21	3	772.05	773.05	0.12	0.16	6.56	<0.05		BH
ZK19-24	15	800.09	802.09	0.18	0.08	8.34	0.00	15	BH
ZK19-24	16	802.09	803.60	2.11	1.58	81.60	0.16		WH
ZK19-24	17	803.60	805.05	0.29	0.01	11.30	0.00		BH
ZK19-24	18	805.05	807.05	0.028	0.011	N/A	0.004		WH

续表9-12

孔号	样品编号	深度自/m	深度至/m	Pb/%	Zn/%	Ag/(g·t⁻¹)	Sn/%	绘图样号	样柱
ZK19-24	1	848.29	848.59	0.35	0.76	15.00	<0.05	1	BH
ZK19-24	2	848.59	849.49	0.01	0.01	3.75	<0.05		WH
ZK19-24	3	849.49	851.29	0.02	0.07	7.58	<0.05		BH
ZK19-24	4	851.29	852.89	0.04	0.23	7.26	<0.05		WH
ZK19-24	5	852.89	854.49	0.48	0.68	44.80	<0.05	5	BH
ZK19-24	6	854.49	856.31	0.49	1.18	64.10	<0.05		WH
ZK19-24	7	856.31	856.86	2.06	4.07	148	<0.05		BH
ZK19-24	8	856.86	857.36	11.65	10.97	429	<0.05		WH
ZK19-24	9	857.36	858.46	6.61	7.42	269.00	<0.05		BH
ZK19-24	10	858.46	858.71	0.48	0.71	23.90	<0.05	10	WH
ZK19-24	11	858.71	859.71	3.60	4.66	109.00	0.08		BH
ZK19-24	12	859.71	860.62	0.73	1.28	30.90	<0.05		WH
ZK19-24	13	860.62	862.62	0.07	0.05	1.71	0.00		BH
ZK19-24	14	862.62	864.62	0.09	0.08	1.49	0.00	14	WH
ZK19-26	20	837.20	838.70	0.01	0.013	<1.00	0.006		BH
ZK19-26	21	838.70	840.20	N/A	N/A	N/A	0.004		WH
ZK19-26	22	840.20	842.00	0.034	0.11	1.92	0.003		BH
ZK19-26	23	842.00	843.20	N/A	N/A	N/A	0.001	23	WH
ZK19-26	1	859.00	860.00	0.08	0.12	2.13	0.05		BH
ZK19-26	2	860.00	861.00	1.57	6.82	38.20	0.79		WH
ZK19-26	3	861.00	861.70	2.07	5.77	62.80	1.46		BH
ZK19-26	4	861.70	862.00	2.22	4.77	53.20	1.52		WH
ZK19-26	5	862.00	863.00	0.10	6.37	11.00	0.90	5	BH
ZK19-26	6	863.00	863.30	0.04	8.24	9.66	0.77		WH
ZK19-26	7	863.30	864.00	0.04	10.07	20.70	1.32		BH
ZK19-26	8	864.00	865.00	0.05	9.61	23.90	0.97		WH
ZK19-26	9	865.00	865.30	0.07	10.56	21.30	0.36		BH
ZK19-26	10	865.30	866.00	0.06	8.09	23.80	1.22	10	WH
ZK19-26	11	866.00	867.00	0.06	10.35	42.60	0.17		BH
ZK19-26	12	867.00	868.00	0.10	2.60	53.80	0.12		WH
ZK19-26	13	868.00	869.00	0.20	1.84	57.00	0.24		BH
ZK19-26	14	869.00	869.30	0.16	1.63	86.80	0.18		WH

续表9-12

孔号	样品编号	深度自/m	深度至/m	Pb/%	Zn/%	Ag/(g·t^{-1})	Sn/%	绘图样号	样柱
ZK19-26	15	869.30	870.30	0.46	5.26	106.00	0.05	15	BH
ZK19-26	16	870.30	871.30	0.42	9.48	107.00	0.18		WH
ZK19-26	17	871.30	872.30	0.26	0.84	70.50	<0.05		BH
ZK19-26	18	872.30	873.30	0.04	0.26	4.09	<0.05		WH
ZK19-26	24	873.30	875.00	0.05	0.10	4.48	0.00	24	BH
ZK19-26	25	875.00	876.70	0.33	0.29	7.69	0.01		WH
ZK19-26	26	876.70	878.44	0.17	0.13	4.06	0.00		BH
ZK19-26	27	878.44	880.00	0.11	0.10	3.74	0.00		WH
ZK19-26	28	880.00	881.00	0.03	0.03	N/A	0.002		BH
ZK19-26	29	881.00	882.10	N/A	N/A	N/A	0.003	29	WH
ZK19-26	19	882.10	883.10	0.14	0.17	2.95	<0.05	19	BH
……									

表 9-13 化验数据表与地质数据库的对应关系

化验数据表.csv	数据库中的选项表(需手工创建)	注释
孔号	hole_id	钻孔的编号
样号	sample_id	样号,可以为空
深度自	depth_from	
深度至	depth_to	
Pb	Pb(需手工添加)	化验的 Pb 品位
Zn	Zn(需手工添加)	化验的 Zn 品位
Ag	Ag(需手工添加)	化验的 Ag 品位
Sn	Sn(需手工添加)	化验的 Sn 品位
绘图样号	绘图样号	
样柱	样柱	

说明:

(1)化验的 Ag 品位单位为 g/t,因化验分析精度的限制,当品位小于 0.2 g/t 时,记录为"<0.2";Sn 品位的单位为%,当品位小于 0.05%时,记录为"<0.05"。

(2)有的样品没有化验结果,记录为"N/A"。

(3)绘图样号:是指在绘制地质剖面图时每隔 5 个或 10 个标注一次。

(4)样柱:用于在绘制地质剖面图时绘制样槽线。

表 9-14　勘查线数据表

勘查线号	北坐标	东坐标	高程/m	勘查线_id
17	2596659.954	371912.845	2000	60017
17	2597500.331	372060.645	2000	60017
19	2596659.954	372014.380	2000	60019
19	2597500.331	372162.181	2000	60019
21	2596737.014	372129.468	2000	60021
21	2596659.954	372115.915	2000	60021

　　说明：勘查线的第一端点在第一行，第二端点在第二行。此外，勘查线的次序可以是任意的。

六、附表及附图

（1）GEOVIA Surpac 基础指南教学视频和配套文件（见云盘）；
（2）GEOVIA Surpac 地质数据库教学视频和配套文件（见云盘）；
（3）GEOVIA Surpac 实体模型教学视频和配套文件（见云盘）；
（4）附表 9-1 开孔坐标表.csv（见云盘）；
（5）附表 9-2 钻孔测斜数据表.csv（见云盘）；
（6）附表 9-3 化验结果表.csv（见云盘）；
（7）附表 9-4 地层代号表.csv（见云盘）；
（8）附表 9-5 勘查线数据表.csv（见云盘）；
（9）附图 9-1 研究区地形.dtm（见云盘）；
（10）本次实习中的矿体主要地质特征请参照实习八的实习材料内容。

实习十

基于 Surpac 软件创建矿体三维块体模型

一、实习目的和要求

实习目的：熟悉 Surpac 软件的基本操作和块体模型的相关概念；掌握数据库中处理特高品位、样品信息提取和根据勘探工程进行样本组合的方法；学习矿体块体模型建立、约束、赋值和报告的程序和方法。

实习要求：

（1）提交矿体 V1 根据勘探工程组合的铅-组合. str、锌-组合. str、银-组合. str 三个线文件；

（2）提交对矿体 V1 进行估算的约束文件"矿体 V1. con"；

（3）提交对 V1 矿体体重直接赋值和分别对铅、锌、银品位使用距离反比平方法估值的块体模型"矿体 V1. mdl"；

（4）实习完成后将所有文件打包压缩后以个人姓名命名发至指定邮箱。

二、实习材料准备

（1）GEOVIA Surpac 基础指南教学视频和配套文件（见云盘）；

（2）GEOVIA Surpac 块体模型教学视频和配套文件（见云盘）；

（3）舍所坝铅锌矿数据库文件（CSU. ddb 和 CSU. mdb）（见云盘）；

（4）本次实习中的矿体主要地质特征请参照实习八的实习材料内容。

三、实习方法和步骤

块体模型实际上是一种空间数据库，提供的是一种自点或间隔型数据（比如矿体取样数据)来建立一个三维体模型的方式。块体模型由很多插值数据构成，而不是真实的测量值或化验值。通过稀疏的钻孔数据，利用块体模型可以估计三维体的体积、吨位和平均品位等。

建立矿体块体模型和品位模型的流程如图 10-1 所示。

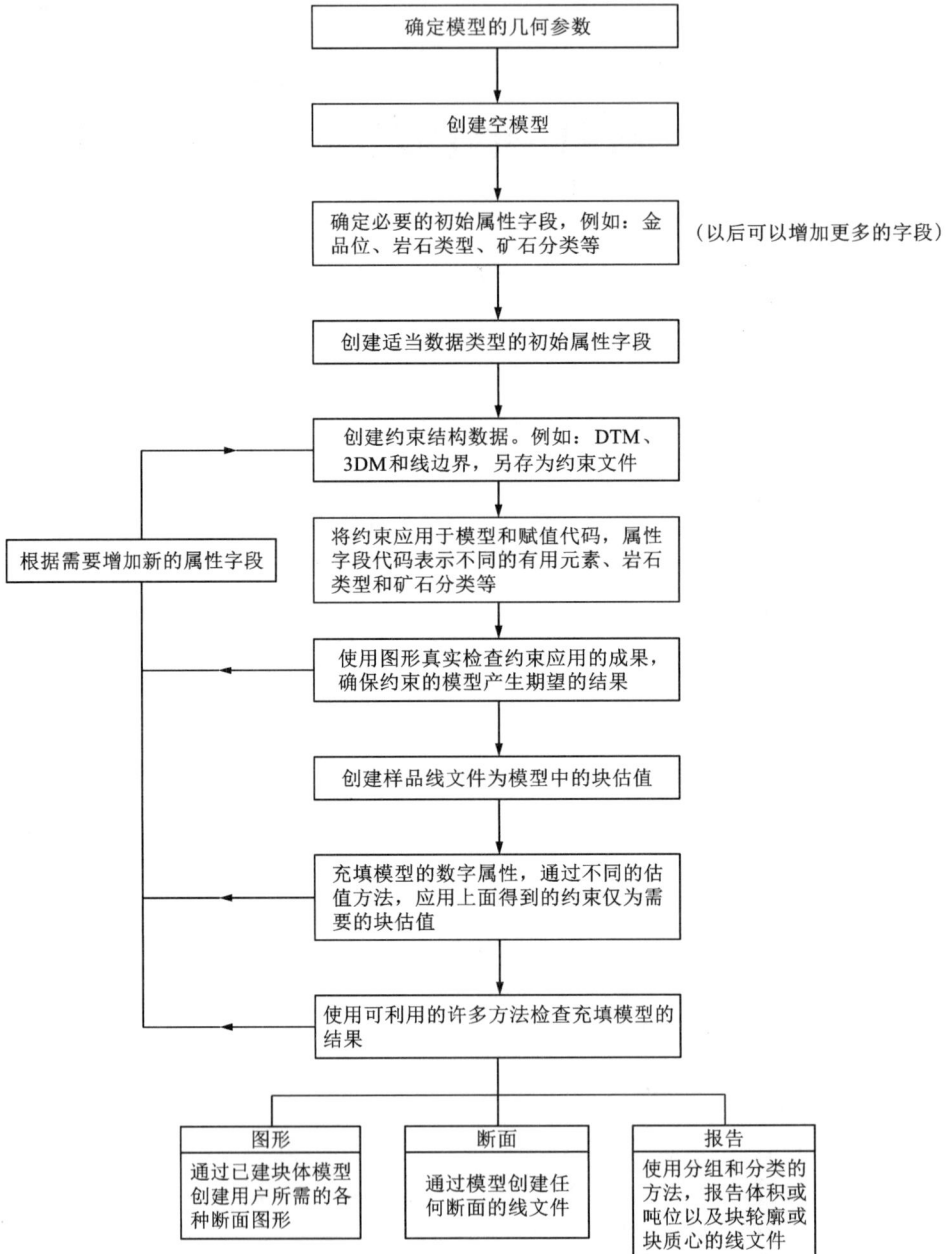

```
                    ┌─────────────────────┐
                    │   确定模型的几何参数    │
                    └──────────┬──────────┘
                               ↓
                    ┌─────────────────────┐
                    │      创建空模型        │
                    └──────────┬──────────┘
                               ↓
                    ┌─────────────────────┐
                    │ 确定必要的初始属性字段，  │ （以后可以增加更多的字段）
                    │ 例如：金品位、岩石类型、   │
                    │ 矿石分类等              │
                    └──────────┬──────────┘
                               ↓
                    ┌─────────────────────┐
                    │ 创建适当数据类型的初始属性字段 │
                    └──────────┬──────────┘
                               ↓
         ┌──────────┐  ┌─────────────────────┐
         │          │  │ 创建约束结构数据。例如：  │
         │          │  │ DTM、3DM和线边界，另存为 │
         │ 根据需要   │  │ 约束文件               │
         │ 增加新的   │  └──────────┬──────────┘
         │ 属性字段   │             ↓
         │          │  ┌─────────────────────┐
         │          │  │ 将约束应用于模型和赋值代码， │
         │          │  │ 属性字段代码表示不同的有用  │
         │          │  │ 元素、岩石类型和矿石分类等  │
         └──────────┘  └──────────┬──────────┘
                               ↓
                    ┌─────────────────────┐
                    │ 使用图形真实检查约束应用的  │
                    │ 成果，确保约束的模型产生期望 │
                    │ 的结果                 │
                    └──────────┬──────────┘
                               ↓
                    ┌─────────────────────┐
                    │ 创建样品线文件为模型中的块估值 │
                    └──────────┬──────────┘
                               ↓
                    ┌─────────────────────┐
                    │ 充填模型的数字属性，通过不同 │
                    │ 的估值方法，应用上面得到的约束 │
                    │ 仅为需要的块估值          │
                    └──────────┬──────────┘
                               ↓
                    ┌─────────────────────┐
                    │ 使用可利用的许多方法检查充填 │
                    │ 模型的结果              │
                    └──────────┬──────────┘
```

图形	断面	报告
通过已建块体模型创建用户所需的各种断面图形	通过模型创建任何断面的线文件	使用分组和分类的方法，报告体积或吨位以及块轮廓或块质心的线文件

图 10-1　块体模型和品位模型创建流程图

本次实习创建矿体三维块体模型一般步骤如下：

（1）认真观看 GEOVIA Surpac 的基础指南和块体模型两个教学视频，结合配套文件进行针对数据库和块体模型两个菜单命令的操作练习。

（2）仔细研读本次实习材料。

（3）先完成块体模型创建前的准备工作，即特高品位处理和样品组合。

1）特高品位处理。

特高品位是特异值在计算变异函数的时候会出现问题，一旦用于块体模型的估值，应用这些特异值计算出的结果会和实际情况相差很大。因此在对矿体块体模型估值之前，要对这些特异值进行处理。

特异值的处理方法之一，就是将特高品位降低至一个下限值。确定下限值的方法有很多，可包括：

①置信区间法；

②百分位；

③经验值。

这里介绍一下置信区间法。置信区间表示的是一个范围，包含多少百分数的数据。由于一个置信区间仅仅是基于样本数据本身，所以在对矿床了解较少的情况时特别有用。95%的置信区间是：

$$95\%CI = 均值 + (1.96 \times 标准差)$$

样本的均值和标准差都可以在 Surpac 中通过基础统计获得。为简便起见，可以选择距离"95%CI"最近的整数作为特异值即特高品位的下限值。

根据对矿床的了解情况选择特异值的下限值，如果一个矿床已经开采了一部分矿石，那么从品位控制样品对探采对比研究中收集到的信息可以总结出最大开采块体的值；如果矿床尚未开采，可以运用类似矿床的参数来确定特异值的下限值。

不管选择何种方法来处理特高品位，在线串文件中相应描述字段的元素特高品位值都可以通过运用线串运算直接降低为下限值。

本次实习矿床的铅、锌、银等有用组分分布较为均匀，不存在特高品位，也不需要对分析数据进行任何处理。

2）样品组合。

在上一个实习，我们已经建立了数据库和矿体的实体模型，接下来要分别将数据库中的铅、锌、银等品位数据通过样品组合提取出来，分别保存在相对应的线文件中，以便于分析样品中有用元素的品位分布规律和对块体模型中块体进行插值赋值。

所谓样品组合就是将三维空间勘查工程（比如钻孔）不等长的样长和品位，量化到一些离散点上，如本实习中的铅品位或锌品位，在该点附近，最有可能的就是这个值。样品组合最终产生一些离散的点，除了三维坐标外，在它的描述字段中，存放该点最有可能的品位值。

组合的方式有多种，但是只有根据勘探工程和台阶高程这两种方式组合得到的线文件，能够在工程的方向上，产生均匀（等距离）的离散点，从而才可以用于地质统计和作为块体模型估值的数据库进行估计插值。本次实习根据勘探工程对钻孔样品进行组合。

Surpac 提供了以下 6 种组合样的方法：

Composite downhole——根据勘探工程；

Composite by grade——根据品位约束；

Composite by geology——根据地质约束；

Composite by elevation——根据台阶高程；

Composite from end of hole——自钻孔末端；

Multilpe elements——多种元素。

在 Surpac 2021 中，样品组合菜单如图 10-2 所示。

图 10-2　样品组合菜单

①样品组合原理。

如何组合样品？一般采用长度加权法，如图 10-3 所示。

右侧是每一个样的度长度和品位值，左侧按照 2 m 间距，可选择在中间位置产生一个点，来描述该点品位组合后的值。

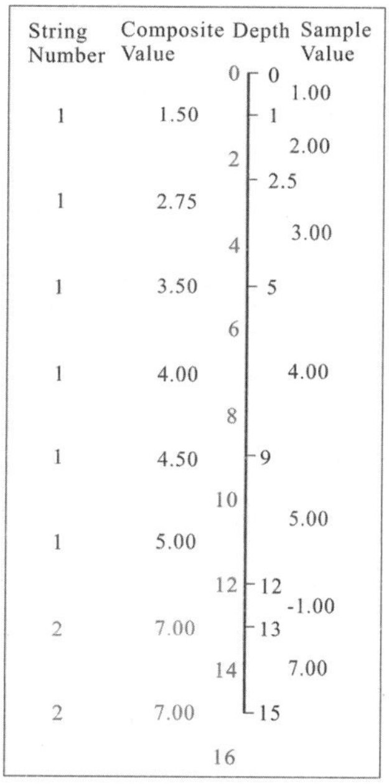

图 10-3 长度加权法样品组合原理

在图 10-3 中，0~1 m 的样，品位为 1.00（单位为%，下同）；1~2.5 m 的样，品位为 2.00；2.5~5 m 的样，品位为 3.00。

按照组合样的定义，在 0~2 m 的中心位置，该点的品位为：

$$grade = (1×1.00+1×2.00)/(1+1) = 1.50$$

同理，在 2~4 m 的中心位置，该点的品位为：

$$grade = (0.5×2.00+1.5×3.00)/(1+1) = 2.75$$

在 12~13 m 处，品位出现负值，这在实际中是不存在的，Surpac 有不同的处理方法，本例只是简单忽略（未当零处理）：

$$grade = 1×7/1 = 7.00$$

在 14~15 m 处，上绺只有 1 m 长，占组合样长 2 m 的一半，此处依然包含：

$$grade = 1×7/1 = 7.00$$

注意：出现负值或样长不够时，Surpac 用另外一种线号来区分其与正常的样品。对待负值或样长不够的情况，Surpac 提供了可选的处理方案，后面会有介绍。

②根据勘探工程组合。

在一个地质带（通常指矿体）内根据勘探工程组合。应用此操作，可以根据一定的取样长度对矿体内部的样品进行组合。

a.确定组合样长。本次实习绝大多数样品的样长近 1 m，因此组合样的长度可设为 1 m。

b.分别对矿体 V1 内部的样品进行组合，组合→根据勘探工程，以样品铅品位组合为例，填写参数，如图 10-4 所示。

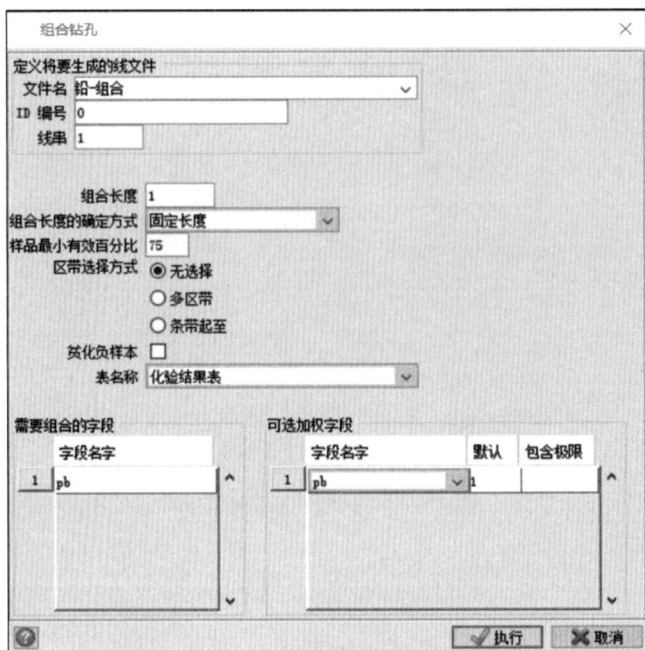

图 10-4　样品铅品位根据勘探工程组合参数设置

上述样品组合操作能得到一个 V1 矿体内的命名为铅-组合的线文件，经过类似的操作，可以分别得到锌-组合、银-组合等线文件。

（4）根据最小/最大坐标创建块体空白模型。

块体模型的最小/最大坐标一般可以通过先调入"矿体 V1.dtm"文件，如图 10-5 所示，然后选择"查询→报告层"命令得出矿体的范围，然后适当放大取整，以保证其完全包含实体模型。当然最小/最大坐标也可以通过矿体的平面图和剖面图坐标网直接获得。

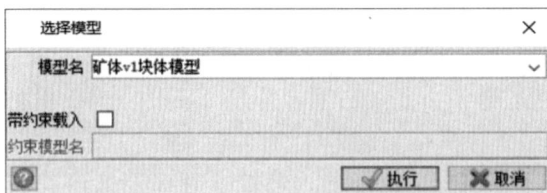

图 10-5　调入矿体 V1 块体模型

注意：如果输入模型的名字不存在，就创造一个新的模型。如果是已有的模型，则直接调用。当创建了约束文件，载入此文件，则会在约束文件的基础上，创建一个新的块体模型。

输入上述信息，点击"执行"，即创建了一个块尺寸为"10×10×5"，最小块尺寸为"5×5×2.5"的块体模型，如图 10-6 所示。

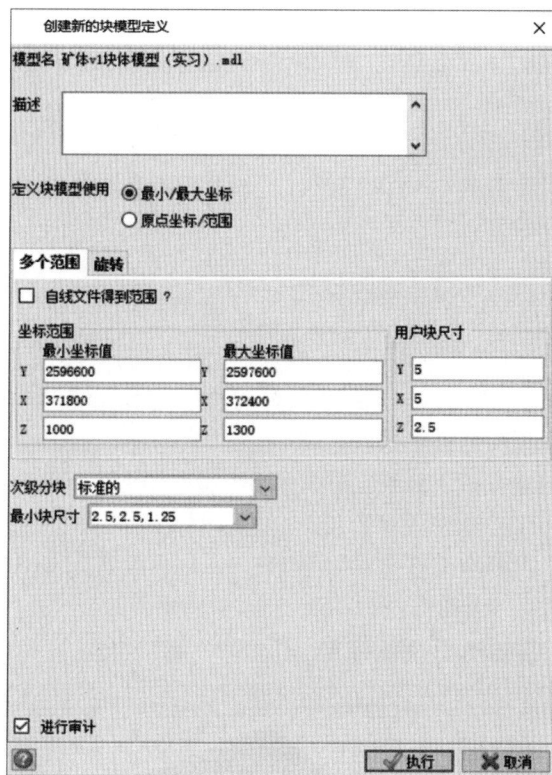

图 10-6　根据最小/最大坐标创建新的块体模型

（1）块体模型参数说明如下：

1）描述。

模型的描述是可选的，但是对它的记录是很有作用的。

定义模型使用：

通常情况下使用"最小/最大坐标"，如果使用"原点坐标/范围"，则原点坐标即为最小坐标。

2）定义模型使用范围。

在这里可以选择三种方法中的一种，即用"最小/最大坐标"或"原点坐标/范围"，二者是相互运算的。这里选择块体模型的坐标最小值为 $Y=2596600$、$X=371800$、$Z=1000$；最大值为 $Y=2597600$、$X=372400$、$Z=1300$。最小值和最大值一般取整数。

3）用户块大小。

一般根据矿体的形态、厚度和工程控制网度来确定用户块尺寸，在 XY 平面块尺寸一般为勘探线间距的 1/5~1/3，在 Z 方向上块尺寸一般为组合样长度的 2~3 倍或是台阶高度的整数分之一。但是块在块模型范围内必须是整数个块。本次实习 V1 矿体厚度不是很大，选择用户块尺寸为"5×5×2.5"。

4)旋转。

当选择旋转时，要求对模型的旋转方位、倾角和倾伏角进行定义，这里暂都设定为"0"，表示不旋转。

5)次级分块。

有三个选项：标准的(standard)、可变的(variable)和无(none)。这里选择标准的(standard)。

6)最小块尺寸。

软件中已经设置了不同级数(2^n)进行缩分，用户只需根据要求选择即可。本次实习选择"2.5×2.5×1.25"。

7)保持审计跟踪。

①在："块体模型→显示模型审核记录"中记录模型的操作、编辑和修改时间。

②选择"块体模型→块体模型→保存"，保存刚才新建的块体模型。

注意：在块模型中操作，所有的数据存在内存中，意味着总是工作在模型的复印件中，任何改变都没有存储，所以在退出之前一定要存盘。

至此块体模型已经创建完成，如图10-7所示。状态栏里会出现块体模型图标，表明块体模型已经创建成功，并且已经完成了连接。

块体模型建好之后，就不能改变范围、旋转、块大小以及每条边的最大限度，要改变模型的参数就只能重新创造一个模型。

当完成相应工作后，需要退出块体模型，选择"关闭"功能。

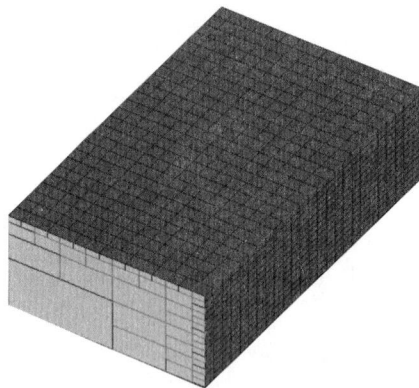

图 10-7　新的块体模型

(5)定义块体模型属性及背景值。

块体模型实际上是一个空间数据库，可用来存储相关地质信息(包括岩石类型、品位分布等)，而这些属性是通过块体反映出来。创建块模型后，开始增加属性。属性是模拟模型空间的道具，这些属性可以是数字、字符、间隔、比率等，属性也可以通过别的属性计算得出(图10-8)。

在 Surpac 中打开新建的块体模型文件，选择"块体模型→属性→新建"，输入如图10-9所示的信息，点击"执行"。

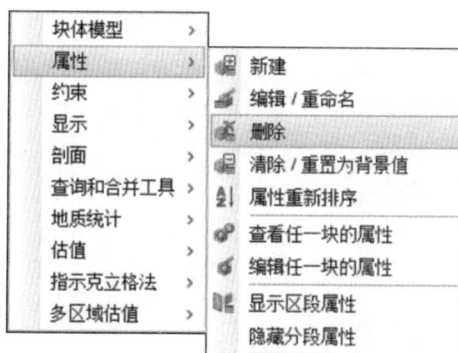

图 10-8　块体模型的属性菜单

图 10-9　块体模型的属性参数设置

参数说明：

对于新创建的块体模型需要"新建"属性，并且必须命名。

1)属性名字。

属性名字的长度不超过 30 个字符，属性名字中允许空格，不过并不推荐，这样会使块的数学计算的功能复杂化，在左边数字或下面灰白处点击右键可以弹出"插入、增加和删除"属性栏。

2)属性名字类型。

属性类型可以是字符(character)、实数(real)、整数(integer)、浮点(float)或者计算型得到(calculated)。浮点可以存储单个的精确数字到 8 位小数，需要 4 字节/块；实数存储 2 位小数到 15 位小数，要求 8 个字节。然而，如果 8 位小数对要存的数字已经足够，那最好选择浮点类型，这样可以有效地利用空间，节省计算时间。整数和字符也用 4 字节来存储数据，计算型得到不存储在模型中，在需要计算的时候计算，内存中并不存储其属性。

3)背景值。

所有的块都要求属性是有值的，当在创造属性的时候指定了背景值，则这些背景值一直保存在块中，直到又指定了新的值。如果背景值是空格，而类型是数字，则表示值为 0。本次实习属性"比重"（现称相对密度）、"铅品位""锌品位""银品位"和"锡品位"的背景值为"-99"，易于识别选择，属性"估值次数"的背景值为"0"。

注意：属性可以随时删除或者增加，也可以清除，重新设置模型属性的背景值，也可以用编辑属性的功能改变一个属性背景值或名字，但是不能改变属性的类型。

选择"块体模型→块体模型→显示块摘要"，如图 10-10 所示，可以浏览块体模型结果，退出时，不要忘记对当前块体模型进行保存。

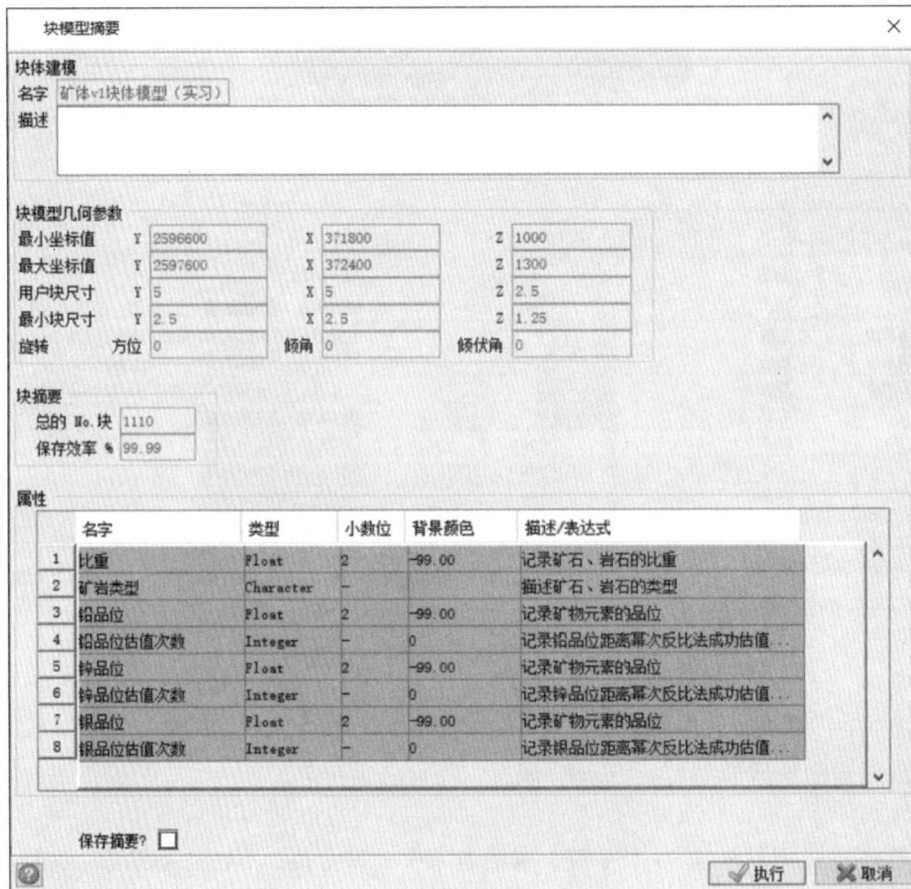

图 10-10　块体模型的属性摘要

（6）建立块体模型相应的约束文件。

Surpac 块模型一个强大的特点就是应用约束。约束是空间操作和对象的逻辑组合，可以用来挑选出想要显示或插值或进行其他处理的感兴趣的块。通过逻辑条件创建的约束是对块体模型的显示、报告和存储进行限制，这些约束文件可以"新建、编辑和查看"。一旦创建完成，将保存为.con 的文件名并可直接调入（用鼠标选中并拖动至图形窗口）该约束文件。

打开文件"矿体 V1 块体型（实习）.mdl"，选择"块体模型→约束→新建约束文件"，输入相关信息，点击"执行"，如图 10-11 和图 10-12 所示。

图 10-11　块体模型的约束菜单

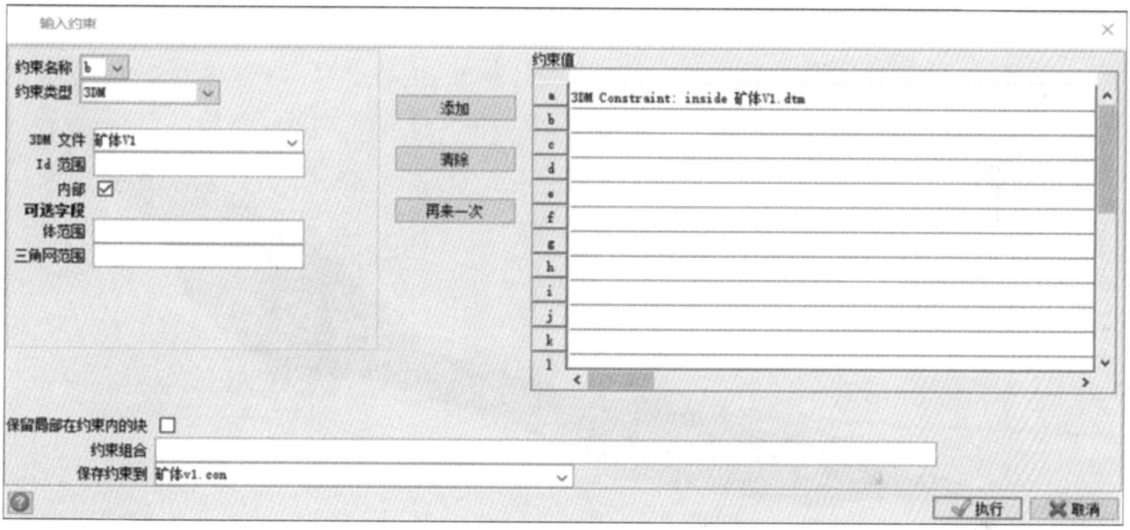

图 10-12　块体模型的约束条件设置

参数说明：

1）约束名称。

自动根据约束条件和数目从 a、b、c、d……z 进行增加，表明约束条目。

2）约束类型。

约束类型有：约束文件（constraints）本身、实体模型（3DM）、块体（block）、表面模型（DTM）、线文件（string）、平面（plane）、X 轴（X plane）、Y 轴（Y plane）、Z 轴（Z plane，即标高）以及块值等。选择不同的约束类型，将定义不同的文件或平面。每一个约束类型需要添加在"约束值"的栏中。可选的空间操作有：

ABOVE——在上，比如面的上方；

INSIDE——在内，比如实体矿体的内部；

>——大于，比如大于某一块属性值；

<——小于，比如小于某一块属性值；

=——等于，比如等于某一块属性值。

为了减少操作的次数，常用"not"表示相反的操作，例如，not inside 可以代表 outside。当指定了每个条件后，点击添加。

3) 约束组合。

上述这些约束类型可以单一使用, 也可以组合使用, 根据组合条件的空间逻辑关系, 可以进行并列(根据条目"a OR b OR c")或交集("a AND b AND c")等组合。约束条件用"AND"连接, 则表示所有的约束条件都需要满足, 如果用"OR"连接, 那其中只有一个条件满足时即可。

注意: 如果约束组合未定义, Surpac 默认的是约束条件之间以"AND"方式连接, 即所有的约束条件都要满足。

4) 保存约束。

最后将诸多的约束条件组合, 保存在约束文件中, 此处保存为矿体 V1. con。

同样的道理, 可以根据地表模型(topo1. dtm)以下和矿体(矿体. con)以外是废石; 地表模型(topo1. dtm)以下和露天坑(pit1. dtm)以上是采区等条件创造相应的约束文件。

完成之后, 信息窗表明约束已经被保存, 文件"矿体 V1. con"是一个二进制文件, 不能在 Surpac 软件之外被编辑, 可以在块模型图形中检查约束文件的结果(图 10-13)。

图 10-13　约束之后的块体模型显示

(7) 对矿体 V1 的体重进行赋值, 同时添加已建立好的矿体约束。

打开文件"矿体 V1 块体模型(实习). mdl", 然后选择"块体模型→估值→赋值", 再输入如图 10-14 所示信息, 点击"执行"。

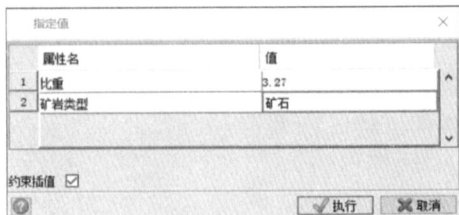

图 10-14　对块体模型比重属性直接赋值

添加已建立好的矿体约束文件"矿体 V1.con"，如图 10-15 所示。

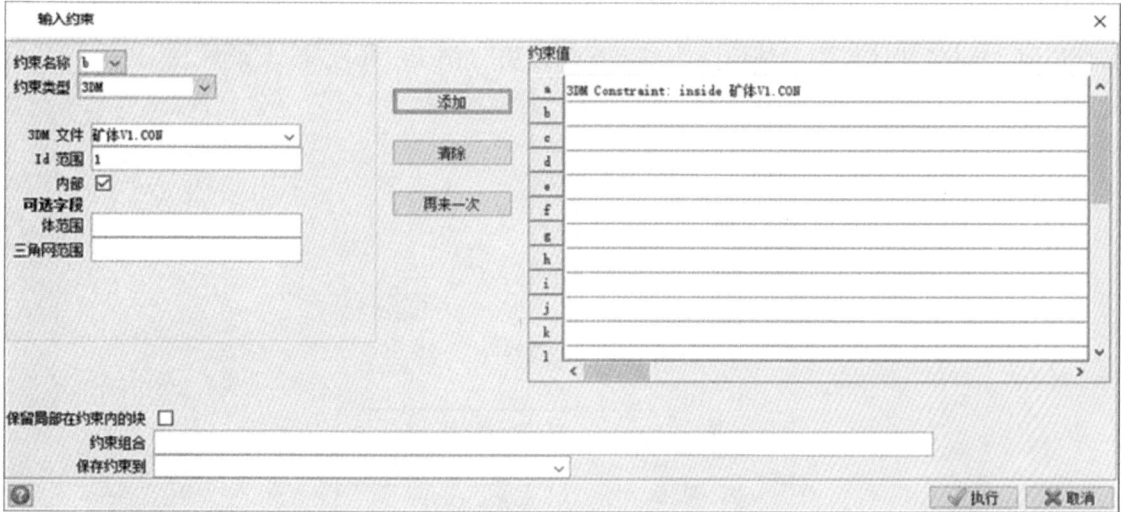

图 10-15　对块体模型添加矿体约束文件

（8）用距离幂次反比法对块体的铅、锌、银品位进行估值。

在创建块模型并定义其所有属性之后，必须使用某种估计方法充填模型，可以通过具有 X、Y 和 Z 坐标的示例数据以及在感兴趣的属性值中估计和分配属性值来实现这一点。

Surpac 软件中可以使用的估值方法见表 10-1。

表 10-1　Surpac 软件的估值方法

方法	描述
最近距离法	将最近的样品点的值赋到块上
距离幂次反比	使用距离幂次反比的估值方法对块进行估值
赋值	为块赋一个明确的值
普通克里格	应用地质统计学研究得到的变异函数参数，通过克里格法估值
指示克里格	功能考虑由指示克里格估值得到的块模型品位的概率
从多边形赋值	通过一些闭合段的描述字段中存储的数据为块赋值，这些段在某一主轴方向（X、Y 或 Z）上可扩展
导入质心	从逗号分隔的或固定格式的文本文件为块模型赋值

在估值之前，对样品中的特高品位通过线串文件相应的描述字段的线串运算进行特高品位处理。

本次实习采用距离幂次反比法中的距离平方反比法对块体模型的块体进行估值充填。距离平方反比法是利用模型质心最近的样品点的值修改块的值。指定的有效范围内参与计算样品的权重是根据距块质心的距离的平方反比得到的。

使用距离平方反比法对矿体 V1 的块体进行品位插值。矿体 V1 不同元素根据勘探工程组合的数据分别存储在线文件"铅–组合.str""锌–组合.str"和"银–组合.str"等中。

以铅品位估值为例。打开文件"矿体 V1 块体模型(实习).mdl",对 V1 矿体进行第一次品位估值,选择"块体模型→估值→距离幂次反比法"(图 10-16),输入如图 10-17 所示的信息,再点击"执行"。

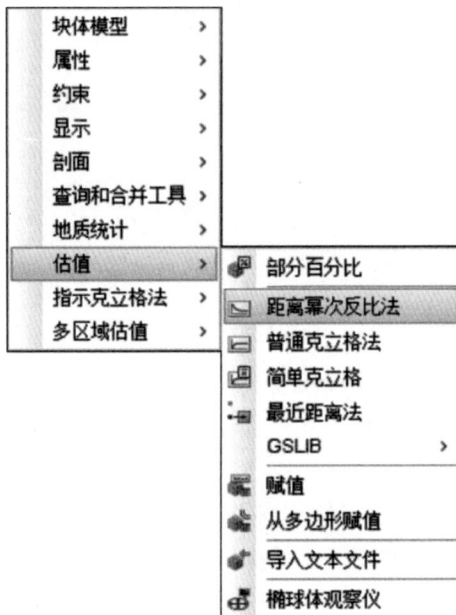

图 10-16　块体模型的估值菜单

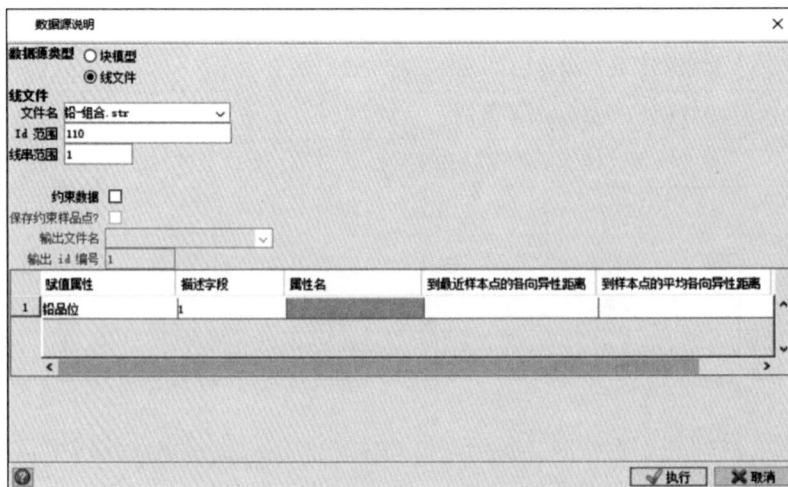

图 10-17　块体模型的估值参数设置

再输入如图 10-18 所示的信息,点击"执行"。

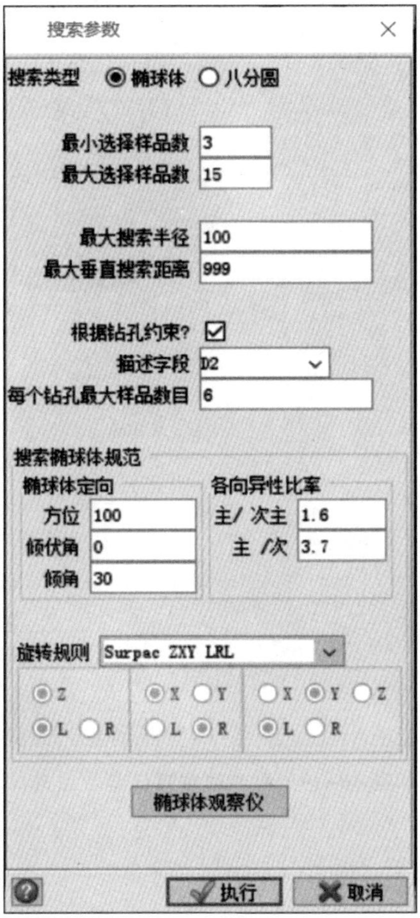

图 10-18　块体模型估值搜索参数设置

参数说明：

1）搜索类型：椭球体搜索数据或八分象限数据约束。

2）最小选择样品数：如果最小选择样品数小于估值前的设定数量（这里是 3 个）就不进行估值。

3）最大选择样品数：最大选择样品数意味着这个数值将制约评估的时候有几个最近的样品参与估值计算（这里是 15 个）。

4）搜索半径：即数据网度（勘查工程网度）的理论值，确保有效区域内能够搜索到所需要的数据源。

5）最大垂直搜索距离：即当独立样品垂直距离超过此处设置的值时，将在估值时排除在外。

6）椭球体定向：选择椭球体的形态参数（见椭球体观测仪），如图 10-19 所示。

7）各向异性比率：定义椭球体的主次轴的搜索比例。

8）椭球体观察仪：椭球体的可视化观察与修改。

查看椭球体观察仪的参数设置是否合适，并将其保存为线文件。

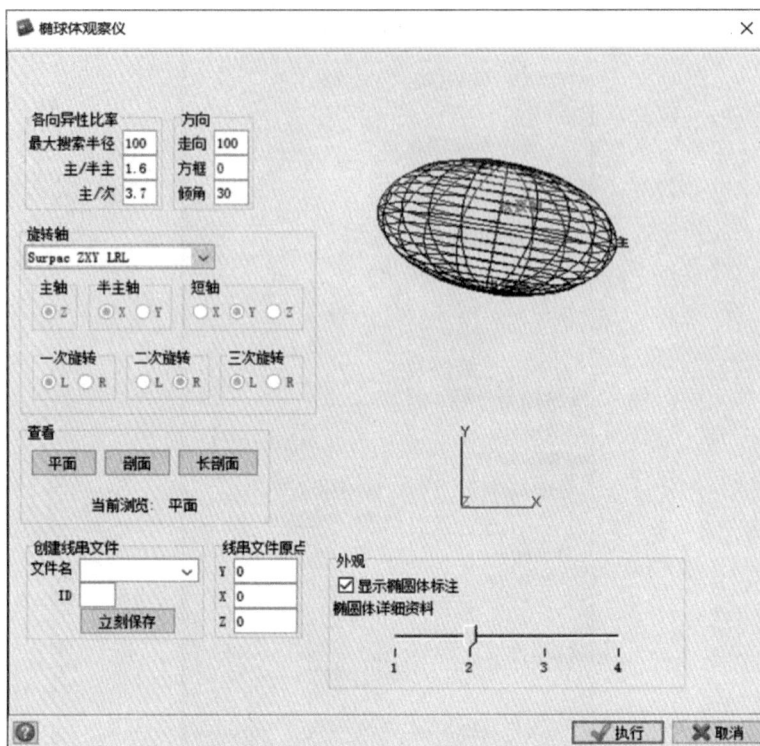

图 10-19　椭球体观察仪参数设置

输入椭球体观察仪参数设置，点击"执行"。

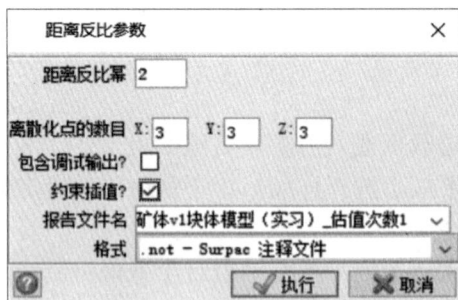

图 10-20　距离反比参数设置

参数说明：

1）距离反比幂次：任意整数次，但一般选择 1、2 或 3，通常选择 2，本次实习也选择 2，即距离平方反比法。

2）离散化点的数目：如果这些字段都是 3，模型中用户块将会分成 27 个小的次级块，品位评估的就是每个次级块的质心，27 个次级块的品位算术平均之后再分配给质心。

3）约束插值：为估值加载约束条件。

4）报告文件名：完成赋值后，将相关应用参数以文本报告形式显示并保存。一旦处理完成，保存更新后的模型，输出的文件将包含评估参数的摘要。

如果用户使用的数据量较大，软件自动赋值过程往往要花费较长的时间。在这里强烈建议用户在赋值前先创建好需要赋值的约束文件，以便使赋值过程时间短、效率高。

铅元素的第一次估值处理完成之后，将铅品位大于"0"的块的铅品位估值次数赋值为"1"，退出之前保存更新后的块体模型，输出的文件将包含评估参数的摘要。元素锌和元素银等的估值与此类似。

（9）根据属性为块体模型着色。

打开文件"矿体 V1 块体模型（实习）.mdl"，选择"块体模型→显示→显示块模型"，再选择"块体模型→约束→新建图形约束"，输入如图 10-21 所示的信息，点击"执行"，为块体模型增加约束。

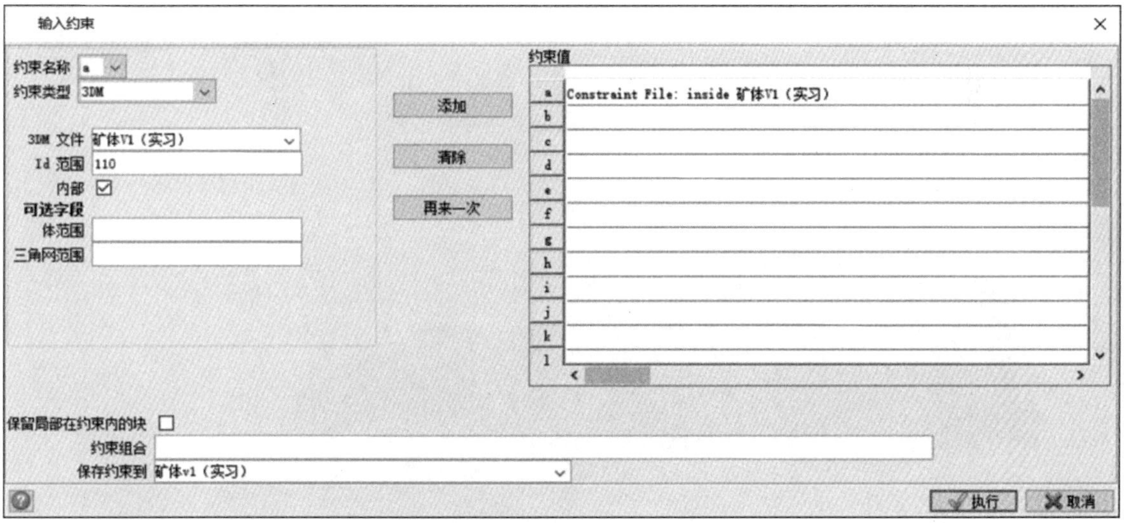

图 10-21　块体模型增加约束

本次实习根据不同的铅品位区间为块体模型着色，其他元素与此类似。选择"块体模型→显示→根据属性为模型着色"，输入如图 10-22 所示的信息，点击"执行"。

执行之后，有着很好的三维可视化效果，块体模型着色效果如图 10-23 所示。

参数说明：

1）默认面：指显示的块体表面的颜色。

2）默认边：指显示的块体边的颜色。

3）属性着色：选择块体中已有的属性（通常是指数值型的属性）进行不同级别或范围着色。

4）颜色选择范围：根据属性的数据特征进行输入，通常情况下是根据矿体的边界品位和工业品位或整数级别，本次实习对铅锌多金属矿而言，铅品位范围为："-99~0""0~0.5""0.5~1""1~3""3~5""5 以上"。

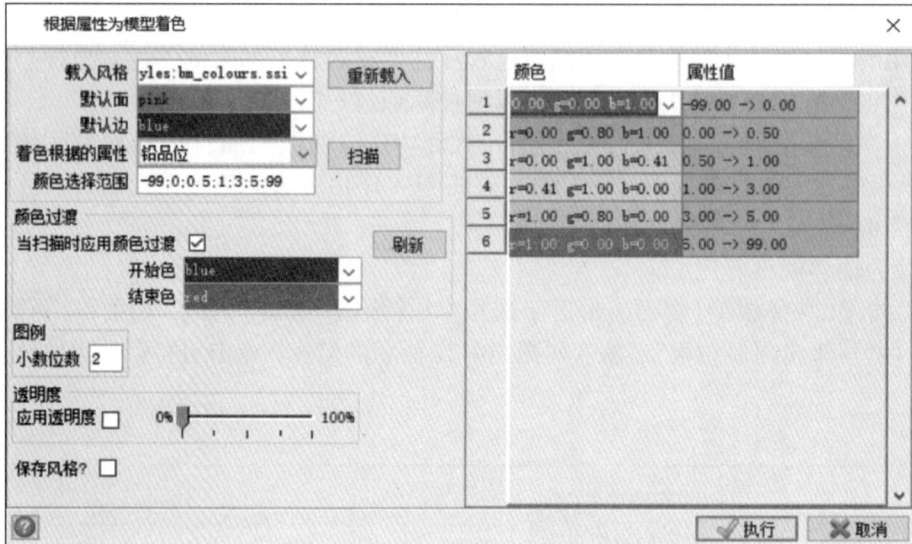

图 10-22　块体模型着色参数设置

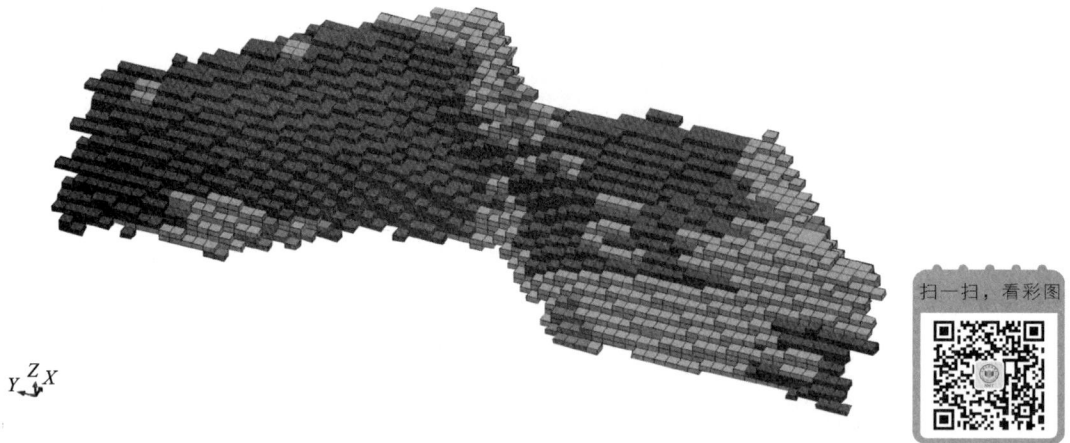

图 10-23　块体模型着色效果图

颜色设置：与上述的范围相对应的颜色定义。一旦设定后，可以将其保存，以备后用。有时候三维的栅格有助于三维空间的可视化。

当浏览地质块模型的时候，透视浏览比正交浏览效果更好，眼睛更能分辨透视浏览中线条的距离，透视浏览效果更接近于真实的世界。在模型被渲染之后，屏幕上看见的就是一个更三维的图形，可使观察者对矿体的形状和品位的空间分布有更深刻的理解。

如果还有块为蓝色，即铅品位估值结果小于 0，说明这部分块的第一次估值不成功，需要对其进行第二次估值。

部分块的二次估值方法就是将搜索半径扩大一倍，即由原来的 100 m 扩大为 200 m，这样可使更多符合条件的样品参与距离平方反比法估值计算。这时的估值约束条件更新为矿体

V1 内"AND"铅品位小于零,即只对没有成功完成第一次估值的块进行估值。

在估值成功之后,将这部分块的铅品位估值次数赋值为 2,新增的赋值约束条件为矿体 V1 内 AND 品位大于零"AND"估值次数等于零。

如何判断矿体 V1 内的块是否已经全部估值完成?

一般的方法是在图形工作区新建一个图形约束,约束的条件为"铅品位<0",如果还有块显示,表明还有块没有被估到。

如果还有块没有被估到,则要按第二次估值的方法进行第三次估值,估值时把搜索半径再扩大一倍。

注意:

如果第二次估值完成以后,矿体内部的块还没有完全估值完成,则要进行第三次、第四次估值,一般情况下,最多进行四次估值。

第一次估值时:最大搜索半径通常为勘查线间距,如果考虑探矿工程偏离勘探线的现象则最大搜索半径可为勘查线间距的 $1\sim1.2$ 倍。

第二次估值时:最大搜索半径是第一次搜索半径的 2 倍。

第三次估值时:最大搜索半径是第一次搜索半径的 4 倍。

第四次估值时:最大搜索半径是第一次搜索半径的 8 倍。

以上注意内容是通常的做法,不是硬性规定,只供参考。

(10)矿体 V1 报告。

块体模型的报告即创建一个由用户定义的、可以打印出来的报告文件,可以选择数值特征的平均或者合计的数值,也可以根据某项特征(比如品位或者标高)进行排序。在创建块体模型报告文件时,可以约束感兴趣的范围。通常情况下,报告中直接得出约束范围内(比如矿体)的块体体积量与矿石"比重"(相对密度)相乘得出矿石量。如果需要求得其他属性的量,需要在报告属性中添加,这里不再赘述。

参考文献

[1]丁鹏飞, 陈员明, 宋玉玖. 湖南香花岭地区 1∶5 万综合方法应用研究专辑[M]. 北京: 地质出版社, 1994.

[2]徐争启, 张成江, 陈友良. 铀矿地质与勘查实习教程[M]. 北京: 地质出版社, 2013.

[3]宋慈安. 矿产勘查学实习教程[M]. 北京: 地质出版社, 2012.

[4]叶松青, 李守义. 矿产勘查学[M]. 3 版. 北京: 地质出版社, 2019.

[5]赵鹏大. 矿产勘查理论与方法[M]. 武汉: 中国地质大学出版社, 2006.

[6]张彩华, 刘继顺. 澜沧江陆缘弧云县段富钾火山岩与铜银成矿作用[M]. 长沙: 中南大学出版社, 2016.

[7]张彩华. 澜沧江火山弧云县段铜矿床地质特征、成矿模式与找矿预测[D]. 长沙: 中南大学, 2007.

[8]张洪培. 云南蒙自白牛厂银多金属矿床——与花岗质岩浆作用有关的超大型矿床[D]. 长沙: 中南大学, 2007.

[9]中国有色金属工业总公司地质勘查总局. 湖南香花岭有色稀有多金属矿床地质[M]. 北京: 中国有色金属工业总公司出版社, 1997.

[10]固体矿产资源储量分类(GB/T 17766—2020)[S]. 北京: 中国标准出版社, 2020.

[11]固体矿产勘查工作规范(GB/T 33444—2016)[S]. 北京: 中国标准出版社, 2016.

[12]固体矿产地质勘查规范总则(GB/T 13908—2020)[S]. 北京: 中国标准出版社, 2020.

[13]地质勘查规范 铜、铅、锌、银、镍、钼(DZ/T 0214—2020)[S]. 北京: 中国标准出版社, 2020.

[14]固体矿产勘查原始地质编录规程(DZ/T 0078—2015)[S]. 北京: 中国标准出版社, 2015.

[15]固体矿产勘查地质资料综合整理、综合研究规定(DZ/T 0079—93)[S]. 北京: 中国标准出版社, 1993.

附录

本书数字资源

矿产勘查学PPT
第一章 绪论

矿产勘查学PPT
第二章 矿床类型

矿产勘查学PPT
第三章 矿产勘查技术方法

矿产勘查学PPT
第四章 矿产预测的理论和方法

矿产勘查学PPT
第五章 矿体地质研究

矿产勘查学PPT
第六章 勘查工程系统

矿产勘查学PPT
第七章 矿产质量研究和取样

矿产勘查学PPT
第八章 矿产资源储量估算